知ってなアカン！機械技術者

そんな設計じゃ、罰せられますよ！

古川 功／岩井 孝志／佐野 義幸／岡田 雅信／宮西 健次 〔著〕

わかりやすく　やさしく　やくにたつ

日刊工業新聞社

はじめに

　機械は人々に対して何かしらの役に立ち、そして、生活や文化に大きく影響を与えています。ただし、便利なものや価値あるものばかりではなく、私たちに危害を与えるものもあります。私たちは普段から科学技術による恩恵と、身に降りかかる恐れのあるリスクを天秤にかけて、日々の社会生活を営んでいると言えます。そのため機械技術者は、この恩恵を与えつつ、反面に生じるリスクを低減することを目指し、思考、経験を深めて、より良い機械を作り出す責任があります。

　機械を社会で活かすためにも、規格があり、法律があるのです。機械技術者は通常、機械の規格などには専門的な知見をもっており、よく調査して、検証を重ねて設計します。しかし法律については、少し手抜きになっていませんか？

　最近では、人命を奪うような、機械、システムによる事故が発生し、その設計者も裁かれ、罰せられるような時代になりつつあります。自分の設計した機械、設備が誰かの命を奪う可能性があるのです。設計者は、安全な機械を設計しなければいけません。設計者の一歩踏み込んだ対処により、その安全性は少しでも高める事はできます。また逆にそれを怠ったときには、責任が問われることがあるのです。場合によっては、法的に罰金か懲役刑が課せられることになります。

　このような事態にならないように、日頃から機械、設備の技術的基準、規格については、十分調査し、また実験での検証を積み重ねることにより、安全確保を担保することが重要です。また、関連法令に対しても抵触しない設計や法的手続きを求められます。

　本書では、機械技術者が、気づかないうちに設計上の瑕疵を犯していたり、法律に抵触をしていたりすることに注意喚起をし、安全・安心な社会を目指し、自分自身が罪を犯すことがないように防衛するための知識や方法について述べていきます。

第1章では、技術に潜む法的問題、法的体系の解説を行います。第2章で化学物質使用における法的な問題、その対処方法までを解説し、第3章では、機械製品・設備の設計〜製造での法的問題、その対処方法、第4章で、海外対応（輸出管理）に関する法的問題、対処方法、そして第5章では、労働安全衛生にまつわる法的問題とその対処方法について解説しています。
　最後に第6章では、以上の法的対処の基本となる技術者倫理について解説しています。
　以上、モノづくり現場で実践している技術士がその経験を活かし、法的な対応について注力し執筆した本書を参考にして、是非良い機械を設計・製作し、安全・安心な社会づくりに貢献できる機械技術者になってください。

2014年　3月　著者一同

ちゃんとせな、捕まるんや！

　このお話は、ABCD技研株式会社の機械設計課の人たちがよく訪れる居酒屋から始まります。その居酒屋は会社から最寄り駅へ向かう途中にあり、機械設計課の人たちがことあるごとに飲み会を開催する居酒屋です。しかし今日はいつもの飲み会とはちょっと様子が違うようです。

　ほんの少し前、機械設計課のA雄と上司であるD川は、業務時間が終わった後、業務から離れて技術のことや人生設計のことなどを、2時間程度の話をしていた。A雄自身、尊敬する上司と業務のことはもちろん、業務以外のことでも話をすることが重要だと感じていた。しかしA雄の先輩であるG田とF野は、いつもならこの会話に加わるのだが、今日に限っては早々に会社を後にしたのだった。後でわかることだが、例の居酒屋へ二人で向かったのだった。

登場人物

A雄（25歳）
ABCD技研（株）入社2年目

入社後半年の研修が終わり機械設計課へ配属されて更に1年ほど経った技術者です。一人前の技術者となるべく、上司や先輩たちからあらゆるものを吸収しようと日々努力しています。

F野（28歳）
A雄の先輩

美人系で格好いいが厳しいお姉さんタイプの先輩技術者です。現場大好きの理系女子で、現場のおじさんたちのアイドルです。

G田（30歳）
A雄の先輩

ゴツくて暑苦しい体育会系。A雄の先輩技術者です。パワーと体力に自信があり、3日間の徹夜もOKです。「気合いじゃ！」が口癖です。

D川（37歳）
ABCD技研（株）機械設計課の課長

機械設計課の課長です。口は悪いが切れ者って感じの技術者です。

Ａ雄とＤ川が会社を後にして、例の居酒屋の暖簾をくぐって最初に目にしたものは、顔を赤にしたり青にしたりするＧ田と、顔を真っ赤にして何か詰め寄っているＦ野だった。

Ｄ川：「Ｆ野さん！どうしたんや！またＧ田が何か悪さしたんか？」
Ｆ野：「聞いてくださいよ！Ｇ田さんって、ちゃんとしてくれないんですよ。あら？！・・・・Ａ雄君もいたんだぁ・・・・。」

　Ｆ野はＤ川に何かを言いかけたが、Ａ雄もいることに気がついて口をつぐんだ。何かまずいものでも見られたかのような顔だった。口をつぐんだことと、そのＦ野の表情がとても気になるＡ雄だった。

Ｇ田：「課長、またって何ですか？´(∞)`＝3　またってのは？」
Ｄ川：「ん？またＧ田が設計ミスして、Ｆ野さんに捕まってるんかと思っただけや！大きいカラして、細かいことは気にすんな！」
Ｇ田：「課長！設計ミスって捕まるって、俺はそんなドジはしませんよ。縁起でもないこと言わんで下さいよ。」
Ｆ野：「そうですよ、課長！いくらＧ田さんでも、逮捕されるような設計はしませんよ。」

　いつもと違って力を入れて否定するＦ野に対し、なぜだか嫉妬を覚えるＡ雄だった。そしてＧ田とＦ野の強引なまでの話の変え方に、かなり気になるＡ雄だった。

Ｄ川：「(￣▽￣！！！チッチッチッ、機械の設計ってのはそんなに甘いもんとちゃう！ちゃんとせんかったら、罰せられたり、逮捕される可能性もゼロじゃない！」
Ａ雄：「！！(#ﾟДﾟ)えーーーーっ、そうなんですかぁ？そんなん聞いてませんよーーー！＼(ﾟ▽ﾟ)／学校じゃ習ってませんよぉーーっ！」

　人差し指を立てて小刻みに左右に振るＤ川に対し、Ａ雄は大げさに驚いて見せた。少し前に機械の設計では、学校で習わないことが多くあることを知ったので、Ａ雄のこの態度はわざとである。このことについては『知ってなアカ

ン！機械技術者　設計検討のための新常識』（日刊工業新聞社）を参照してください。

D川：「A雄！ナニわざと驚いてんねん！(̄∇ ̄)／☆ペチ」
G田：「ちゃんと設計したらエエねん、ふん^(∞)^=3　そしたら、ちゃんとした機械ができんねん、ふん^(∞)^=3」

　A雄のわざと驚いた態度にD川は、軽くA雄の額を叩いた。そしてG田は鼻息も荒く、"ちゃんと"を連発していた。

F野：「課長！この際だから、ちゃんと罰せられない設計をもう一度ちゃんと勉強しましょうよ。」
G田：「おお！F野、ナイス！ふん^(∞)^=3　お前はホンマにちゃんとしてんなぁー　ふん^(∞)^=3」

　G田に続いてF野までも"ちゃんと"を連発しだしたのはA雄の気のせいか？G田とF野の二人して、何かを誤魔化しているような気がしてならないA雄だった。

A雄：「ところで、G田さんとF野さんは何のお話をされてたんですか？」
G田：「えっ、えーと、ちゃんと設計せな、ちゃんとならへんってことをちゃんと議論してたところや。なぁF野　ふん^(∞)^=3」
F野：「・・・・・・」

　A雄が先程の二人の様子から、何を話していたのか疑問に思い、質問すると何やら二人は誤魔化しだした。G田は"ちゃんと"を連発し、F野は遠いところを見ているようだ。

D川：「まっ、世の中には知らんでもエエこともあるんやって、青年よ！」

CONTENTS

はじめに ……3
ちゃんとせな、捕まるんや！ ……5
もくじ ……10

第1章　機械技術者、そんな設計じゃ、罰せられますよ！ ……13
法令は知らんかったでは・・・・ ……14
1-1　あなたの技術業務に潜む法的問題 ……18
1-2　技術に関わる法的体系 ……24
【今日はここまで】法律の読み方のコツ ……30

第2章　化学物質管理、そんなんじゃダメですよ！ ……31
購入したモンだから、知らんでは・・・・ ……32
2-1　知らないとコワイ、化学物質管理 ……36
2-2　設計・試作〜製造段階での化学物質に関わる法的問題 ……40
【ちょっと休憩】機械技術者が関わりうる化学物質関連法規一覧 ……50
2-3　販売・輸出〜お客様の使用・廃棄段階での化学物質に関わる法的問題 ……51
2-4　化学物質管理のこれから ……62
【今日はここまで】GHS（Globally Harmonized System of Classification and labelling of Chemicals）のお話 ……67

第3章　製品・設備対応で、そんな設計じゃ、ダメですよ！ ……69
機械を作るには手続きや届出がいるモンもあるんや！・・・・ ……70
3-1　機械技術者と製品・設備との関わり ……74
3-2　設計段階〜製造に係る法的リスク ……81
【ちょっと休憩】秘密保持契約（NDA）と不正競争防止法 ……89
3-3　設計現場での正しい法的対応 ……90
3-4　これからの製品・設備と機械設計での対応 ……98
【今日はここまで】リスクマネジメント（ISO 31000） ……106

第4章 海外対応（海外展開、輸出管理）、そんなんじゃダメですよ！ ……107
街灯でも、被害判定でもないのです ……108
- 4－1　機械技術者と安全保障輸出管理の関わり ……112
- 4－2　該非判定 ……121
- 【ちょっと休憩】公知の技術と技術者倫理について ……136
- 4－3　貨物輸出・技術提供前の確認事項 ……137
- 4－4　技術提供時の対応法 ……145
- 【今日はここまで】品目リストは、先端貨物・先端技術か？ ……154

第5章 労働安全衛生、そんなんじゃダメですよ！ ……155
機械でも建設業！ ……156
- 5－1　機械技術者と労働安全衛生の関わり ……160
- 5－2　設計段階〜製造・設置までの労働安全衛生に関わる法的関係 ……170
- 【ちょっと休憩】助長罪（幇助罪） ……177
- 5－3　労働安全衛生の正しい法的対応 ……178
- 5－4　これからの労働安全衛生対応 ……186
- 【今日はここまで】マニュアルの恐ろしさ ……192

第6章 技術者倫理、そんなんじゃダメですよ！ ……193
ああ技術者倫理！ ……194
- 6－1　法的問題と技術者倫理 ……197
- 6－2　現場対応と技術者倫理 ……207
- 【今日はここまで】リコールについて ……213

技術者は勉強せなアカンねん！ ……214
おわりに ……218
参考文献一覧 ……219
著者略歴 ……220

第 1 章

機械技術者、そんな設計じゃ、罰せられますよ！

この章では、技術的業務に関わる法律についてお話します。技術者、さらには機械の設計者でも、法的な知識は必要です。法的なことは、会社の偉い人や顧問弁護士が何とかしてくれると考えているとエライ目に遭いますよ。会社から切り捨てられるかもしれません。

CHAPTER 1

機械技術者でも法的な知識がないと設計してはアカンのや！

- 法令は知らんかったでは・・・・
- 1－1．あなたの技術業務に潜む法的問題
- 1－2．技術に関わる法的体系
  【今日はここまで】法律の読み方のコツ

法令は知らんかったでは・・・・

G田：「ホレホレ、ほれほれほれほれ。」

　朝、G田は会社に着いたばかりのA雄を捕まえて、右手を前に出し小さく上下に振っている。左手はA雄の肩から首に回していて、A雄を逃がさないようにしている。離れたところから見ると、イカツイ男性が気弱な男性を恐喝しているようにも見える。もちろんイカツイ男性はG田で、気弱な男性はA雄である。

A雄：「ちょ、ちょっと、G田さん、朝っぱらから何なんですか？」
G田：「ふん^(∞)^=3 、だから今日は、だから、ほれほれ。」
A雄：「"ほれほれ"じゃぁ、(`O´ 何か分かりませんよ！」

　G田は何かをA雄に要求しているようだが、A雄は何が何だか全く分かっていないようだ。近くから見ても恐喝しているように見える。この二人の間では、よくある光景でもあるのだが・・・。

G田：「だから、プ・レ・ゼ・ン・ト、ふん^(∞)^=3」
A雄：「何でG田さんにプレゼントをあげなきゃイケナインですか？」
G田：「あぁぁーーーー 、ふん ^(∞)^=3 今日が何の日か、知らんのんか？」

14

G田は先程まで上下にヒラヒラしていた右手を握りしめて、A雄のこめかみに拳をグリグリ回しながら押し当てている。"恐喝しているように見える"ではなく、まさに"恐喝している"のだった。A雄はジタバタ逃げようとするが、G田の左腕で首元をガッチリ押えられて抜け出せない。

A雄：「G田さん、痛いですって。」
G田：「今日は、俺の誕生日じゃ　ふん^(∞)^=3」
A雄：「そんなこと、知りませんでしたよ！」

G田：「知らんかったでは、済まされんのや！これは罰則じゃ！ふん
　　　^(∞)^=3」
A雄：「痛いーーっ、今度は本気で痛いですぅぅ！」

　G田は右手に少々力を追加して、A雄のこめかみにグリグリと拳を回しながら押し付けた。先程のA雄の「痛い」に比べ、今度は本気で痛そうな叫び声だ。もがきながらA雄が首に回されているG田の左腕を軽く数度叩くと、ようやくG田の右拳のグリグリは停止した。

A雄：「はぁ、はぁ、はぁ、あー死ぬかと思った。」
G田：「そんな大袈裟なー。」

G田の右腕は降ろされたが、左腕はA雄の首をまだホールドしたままだ。A雄は肩で息をしており、本当に痛かったようだ。A雄はどう思っているかわからないが、G田はじゃれているつもりのようだ。

A雄：「法令じゃぁ、あるまいしぃぃ！何で罰則があるんですかぁぁ？」
G田：「そんなに怒るなや。軽い冗談やん　ふん^(∞)^=3」
A雄：「G田さん、自分の力を自覚してくださいよぅ。(｀O´ ぜんぜん軽くないですって！　」

　ようやくG田の右拳のグリグリから解放されたA雄は口で反撃にでる。
　しかしG田のグリグリこそ、法令違反ではないのか？これはもうパワハラの範疇だろう。

G田：「ところで、A雄！道路交通法の積載サイズは調べたか？」
A雄：「まだですけど、でもなんで道路交通法が関係あるんですか？」
G田：「どのサイズまでトラック輸送できるか、知らんかったら設計でけへんやん。次の機械装置は結構デカイゾ！」
A雄：「た、確かにそうですね。スグに調べます。」

次にＡ雄が設計を任された機械装置は今までにない大きさらしい。自社工場での組立て試運転後、道路交通法上でトラック輸送可能なサイズまで分解して、客先工場まで運ぶそうだ。

　噂によると、以前Ｇ田が担当した大型の機械装置のトラック輸送で過積載をしかけたそうだ。そのときは幸いにも自社工場から出発前に、工場内にあったトラックスケールで計量したため、法令違反を起こさずに済んだらしい。

　その時は徹夜で、トラックの積載計画をＤ川が作り直したらしい。だからいつまで経ってもＧ田はＤ川に頭が上がらないという社内の噂だ。

1-1 あなたの技術業務に潜む 法的問題

1-1-1　法的問題とは何？

　法的問題というと、法令違反を起こすことを意味しますが、では、現在の日本にどれくらいの法令があるのでしょうか？

```
① 憲法（国の最高法規）
                    1
② 法律（国会の議決を経て「法律」として制定される）
                 1897
③ 政令（内閣の制定する命令）
                 2025
④ 府令・省令（府令とは、内閣総理大臣が内閣府の長として発する命令）
　（省令とは、各省大臣が発する命令）
                 3560
⑤ その他（内閣府及び各省の長以外の他の行政機関が発する命令や閣令）
                  342

              計  7900
```

図1-1-1　法令の数（平成25年11月1日までの官報掲載法令）

一番有名なのは、いわゆる六法です。

- 憲法
- 民法
- 刑法
- 商法
- 民事訴訟法
- 刑事訴訟法

図1-1-2　六法一覧

　法令違反で、もっとも多いのが、犯罪がらみの刑法違反です。コンビニ強盗や自転車の籠からのカバンのひったくり、最も刑罰が重いのは、殺人です。最高刑の「死刑」があります。身近なところでは、道路交通法違反なんかは、よく違反してしまったという話を聞きます。

　しかし、一般市民の我々は、「憲法」は学校で少し勉強しますが、「刑法」は、大学の法学部でも行かない限り、学校で勉強しません。「民法・商法」等も同様です。その代わり「道徳」の時間で、「刑法」を少し勉強する程度です。

　ところが、機械技術者には日常の業務で「法令」を守らなければならない命題があります。

　とはいっても、何の「法令」を守ればよいのでしょう。

　「そんなの専門家（例：弁護士・技術士等）じゃないとわからない。」こんな声が聞こえてきそうです。

- 何の「法令」を遵守したらよいかがわからない。
- 自分の業務に関係している「法令」は一応知っている。

　こんなことでは、いつ、罰せられるかわかりません。今まで、業務上で罰せられなかったのは「運」が良かったというだけと言い切れます。

　このこと自体が、「法的問題」なのです。

1－1－2　法的問題の典型例

「耐震偽装事件」というのを憶えていますか。

この事件は、機械技術者へも警告となっています。

この事件は、国土交通省が平成17年11月17日に某建築士事務所の一級建築士が建物の構造計算書（地震等に対する安全性を計算したもの）を偽装していた事実を公表したことから発覚しました。

この建築士は、数棟のマンション・ホテルの構造計算書を偽造しており、「建築基準法」違反で、懲役5年、罰金180万円の実刑が平成20年に確定しました。

ここで、着目してほしいのは、「建築基準法」という建物を建てるのに必要な法令違反で、この建築士が罰せられているということです。「刑法」違反ではありません。なぜなら、構造計算書を偽造するという事実で罰せられているからです。しかし、結果は重大です。そのマンション・ホテルは利用できなくなったのですから、大変です。

機械設計の世界でも、機械設計図面が著作物か否かで民事訴訟の損害賠償請求裁判が何件も発生しています。これに関連する法律は、著作権法・不正競争防止法・会社法・民法等があります。

また、1980年初頭に工作機械を輸出したら、いわゆるココム協定で輸出してはいけない国に輸出してしまった。これに関連する法律違反は当時なかったけれど、各国間の協定に違反していた。（現在は、外為法違反となります。）

といった具合に、どこに法違反があるかわからない状態です。

1−1−3　法的問題を解決するにはどうすればよい？

　法的問題を解決するための「第1歩」は、自分の技術業務に「法的問題」が潜んでいることを自覚することです。

　自覚したら、自分の技術業務に関係する「法令」を知ることです。

　例えば、「○○法」「○○法施行令」「○○法施行規則」「各々の施行通達」。

　これを、法の条文ごとに読んでいくことです。

```
○○法 ××条
――――――――――――、―――――で政令で定める―――――。
――――――――――――――――――――――――――――――。
○○法施行令 ××条
　法××条の政令で定める○○は、次の通りとする。
一、――――――――――――――――――――――――――――。
二、――――――――――――――、―――――――――――――。
○○法施行規則 ××条
　令××条の△△△△省令で定める○○は、次の通りとする。
解釈例規（通達・通知等）
――――――――――――――――――――――――――――――。
――――――――――――――――――――――――――――――。
```

図1−1−3　法令を読んでいくときのイメージ

　こういう書き方をしている法令集（例：○○法便覧）がありますから、それを読んでいくのがよいでしょう。

　これを、地道にやるしか方法はありません。大変だなと思うかもしれませんが、法令の数は多くても、その法令の全部が全部、自分の技術業務に関係するわけではありません。むしろ、少ないくらいです。

　つまり、「自分に関係する法令は多々読み込みます。しかし、各々法令の条文は自分に関係する箇所を、深く読み込む。」のがコツです。

　そして、自分に関係する法令を数多く理解したら、それを自分の業務でその法令を違反しないようにするだけです。

1－1－4　法令を理解すれば理解するほど落ち込むワナ

　ここで、最も注意しておかなければならない点があります。それは、法令をマニアックに扱ってはいけないということです。

　どういうことかというと、例えば、安全率　○○以上・○○を超え・○○以下・○○未満と数値規定があったら、「○○以上」はその数値以上を指しますが、「○○を超え」で、○○.01は、「○○を超え」ではないということです。

　たしかに「○○を超え」かもしれませんが、有効数字の考えをあてはめると、超えていません。安全率で、「6を超え」という規定があったら、「6.1」は超えたことになりますが、「6.01」は6を超えたことにならない。こういったマニアックな法令の扱いをすると「痛い目」に合いますので、要注意です。

 あなたの技術業務に潜む
法的問題

法的問題とは何かを正しく理解する。

法的問題の典型例を参考に、どれだけ法令を
知らなければならないか理解する。

各々の法令を自分の業務範囲だけ正しく理解する。

法令をマニアックに扱わない。

1-2 技術に関わる法的体系

　近年、大企業の不正事件がたびたび発生し、法令遵守が叫ばれていますが、法令を遵守しなければいけないのは我々技術者も同じです。
　また、我々技術者は、一般市民と異なり、「技術」という、特別な知識を用いて業務を遂行しているため、より厳格に法令を守ることが求められるのです。
　ここでは、機械技術者が普段の業務の中で接する法律について確認していきましょう。

1−2−1　法律の体系

　図1−2−1に示すように、法律は法のピラミッド構造の一部に存在します。すなわち、法は憲法を最高法規として構成されています。そして、憲法の内容を具体的に実現していくために法律があり、法律を補完するために、政令や省令があり、更に細かい内容は規則や条例で定められるという仕組みです。

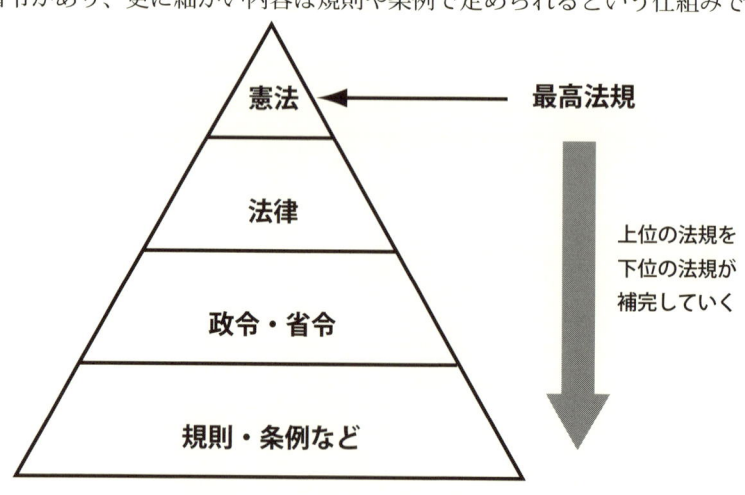

図1−2−1　法のピラミッド構造

1−2−2　機械技術者に関係する法律

機械技術者に関係する法律は大きく分けて5分野に分かれます。

表1−2−1　機械技術者に関係する法律群

（1）製品に関する法律
（2）工場・施設・設備に関する法律
（3）放射性物質や有害物質に関する法律
（4）輸出・技術移転に関する法律
（5）知的財産に関する法律
（6）その他、機械技術者が関係する法律

それぞれの分野についてもう少し詳しく見ていきましょう。
複数の分野に関係する法律もあるので注意してください。

（1）製品に関する法律

機械技術者の成果物である製品に関する法律群です。製品が影響を及ぼす相手（消費者や環境など）を守るための規制です。**第3章**を参照ください。

表1−2−2　製品に関する法律

- 製造物責任法
- 民法
- 刑法
- 消費者保護法
- 消費生活用製品安全法
- 建築基準法
- 電気用品安全法
- 電波法
- 高圧ガス保安法
- 環境基本法
- 環境影響評価法
- 循環型社会形成推進基本法
- 資源有効利用促進法
- 特定家庭用機器再商品化法
- 家庭用品品質表示法
- など

（2）工場・施設・設備に関する法律

工場・施設の中で働く人を守るための規制や工場が外部に与える影響を規制、あるいは設備自体に関する規制などです。**第5章**を参照ください。

表1−2−3 工場・施設・設備に関する法律

- 労働安全衛生法
- 鉱山保安法
- 火薬類取締法
- 労働基準法
- 作業環境測定法
- じん肺法
- 公害対策基本法
- 食品衛生法
- 薬事法
- 石油コンビナート等災害防止法
- 消防法
- 高圧ガス保安法
- ガス事業法
- 電気事業法
- エネルギーの使用の合理化に関する法律
- 建築基準法
- 毒物及び劇物取締法
- 環境基本法
- 資源有効利用促進法
- 地球温暖化対策推進法
- 大気汚染防止法
- 悪臭防止法
- 騒音規制法
- 振動規制法
- 水質汚濁防止法
- 廃棄物処理法

など

表に書かれている法律は一部よ。それに法律の下には政令、省令、規則、条例などの関連法規もあるのよ。

たくさん法律があるんですね！

(3) 放射性物質や有害物質に関する法律

　放射性物資や有毒・有害物質の取扱いを規制する法律です。
　この分野の化学物質の規制については**第2章**を参照ください。

表1－2－4　放射性物質や有害物質に関する法律

- 原子力基本法
- 核原料物質，核燃料物質及び原子炉の規制に関する法律
- 放射性同位元素等による放射線障害の防止に関する法律
- 労働安全衛生法
- 原子力損害の賠償に関する法律
- 原子力災害対策特別措置法
- 高圧ガス保安法
- 消防法
- コンビナート等災害防止法
- 化学物質の審査及び製造等の規制に関する法律
- 毒物及び劇物取締法

（4）輸出・技術移転に関する法律

物を輸出する、または技術を移転（外国あるいは非居住者へ提供）するには安全保障の観点から規制があります。（「安全保障輸出管理」といいます。）

第4章を参照ください。

表1－2－5　輸出・技術移転に関する法律

- 外国為替及び外国貿易法（外為法）

（5）知的財産に関する法律

新規の知的創作を保護したり、ロゴマークなどの標識の権利を保護したりするための法律があります。

表1－2－6　知的財産に関する法律

・特許法	・不正競争防止法
・実用新案法	・半導体集積回路の回路配置に関する法律
・意匠法	・種苗法
・商標法	・商法
・著作権法	など

(6) その他、機械技術者が関係する法律

　その他の分野としては、「計量に関する法律」、「マネジメント関連の法律」などがあります。

　マネジメント関連の法律としては、労働安全衛生関連、環境マネジメント関連のリスクマネジメント関連などがあります。

図解 技術に関わる法的体系

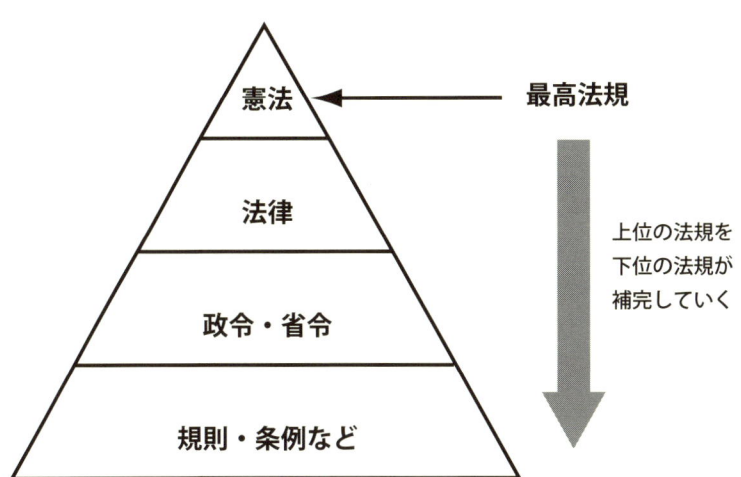

機械技術者に関係する法律は

機械技術者に関係する法律群
（1）製品に関する法律
（2）工場・施設・設備に関する法律
（3）放射性物質や有害物質に関する法律
（4）輸出・技術移転に関する法律
（5）知的財産に関する法律
（6）その他、機械技術者が関係する法律

今日はここまで

法律の読み方のコツ

　法律の文は読みにくいと感じたことはありませんか？
　法律は意味の取り違えがないようにするため、言い回しがくどくなってしまいます。また、技術論文と違い図表が少ない（あっても別表になっている）ため、理解に時間がかかります。
　このコラムでは、法令（法律の他、政令省令なども含む）を読む際のちょっとしたコツについて書いてみたいと思います。

＜コツ①：「～であって」＞
　コツの一つ目は、「～であって、」に注目しましょう。この言い回しは法令に頻繁に出てくる言い回しです。「～であって、」がでてきたらスラッシュ（／）を入れます。すると「～であって、」の前の"一つ目の条件"と後ろの"二つ目の条件"が整理されて、読みやすくなります。

＜コツ②：「及び」と「並びに」＞
　「及び」も「並びに」も並列的につなぐ言葉ですが、名詞だけとは限りません。(例：・・・を探知し、及び追跡する・・・)
　ただし、「及び」を用いて、3つ以上をつなぐ場合は、A、B、C及びDと書きます。
　また、「及び」よりも「並びに」のほうが大きなくくりとなります。つまり、"A及びB並びにC及びD"となります。
　「及び」も「並びに」があったら、括弧でくくると読みやすくなります。例えば、{(A及びB) 並びに (C及びD)} です。

　二つほど簡単なコツを書いてみました。実際に法令を読む際に試してみてください。少しは読みやすくなると思います。

第2章

化学物質管理、そんなんじゃダメですよ！

この章では、製品をつくるのに欠かせない原材料や副資材に含まれる化学物質の取扱いと管理に関する注意点を述べます。製品の企画～設計～製造～販売のみならず、使用者・消費者の手にわたってから後の段階においても機械技術者が関与する、化学物質管理に絡む法律は多数あります。そのすべてを深く理解する必要はありませんが、この章で触れている内容程度は知っておかないとエラいことになるかもしれません。

CHAPTER 2

化学物質管理なんて
機械技術者の守備範囲外や！って
思ってたらエラい目に合うでぇ！

- 購入したモンだから、知らんでは・・・・
- 2－1．知らないとコワい、化学物質管理
- 2－2．設計・試作～製造段階での化学物質に関わる法的問題
  【ちょっと休憩】技術者が関わりうる化学物質関連法規一覧
- 2－3．販売・輸出～お客様の使用・廃棄段階での化学物質に関わる法的問題
- 2－4．化学物質管理のこれから
  【今日はここまで】GHS（Globally Harmonized System of Classification and labelling of Chemicals）のお話

購入したモンだから、知らんでは････

F野：「A雄君、A雄君！この子の袋はどこにあるの？」

　F野が顔色を変えてA雄のもとに駆け寄ってきた。F野の背中に"ド・ド・ド・ドドドーーー"の擬音が付いているようにA雄には見えた。そしてF野をよく見ると今朝、A雄が皆に配ったお土産の和菓子を手に持っていった。
　昨夜、A雄はある地方の出張から戻ってきたのだった。F野が手に持っていたお土産は、帰りの空港で購入したものだった。ちゃんとお客さんとの打合せも一人でできた、良い機械が作れそうだ、課長や先輩から褒めてもらえそうだと考えていたのだ。

A雄：「F野さん、その袋ってもう捨てちゃいましたよ。」
F野：「えーーっ、だ、ダメじゃない、袋を捨てちゃぁ。ド、どこに捨てたの？」

　慌てたF野の様子に、お土産の袋をコレクションにしているのかなぁ？と考えたA雄だった。しかしF野の様子はその程度の慌てようではない。F野はA雄が示したゴミ箱をあさりだし、お土産の菓子袋を見つけ出した。

A雄：「(?_?)ええっ、どうしたんですか？」
F野：「ほっく(´。`;)=3　これだったら、大丈夫ね。」

　A雄はF野が慌てていた理由が全くわかっていない。その間、F野はというと、見つけ出したお土産の菓子袋の裏を見て、原材料を確認した。そしてF野は焦った表情から安心した表情に変化した。

F野：「ちゃんと原材料を確認できるようにしないとダメじゃない！」
A雄：「あーーーっ、アレルギーか！忘れてました！！！！」

　A雄自身は食物アレルギーなどがないため、頓着していなかったが、人によっては大変なことになるらしい。A雄たちの課内にはいないようだが、今回お土産を配った範囲には食物アレルギーの人がいるようだった。深く反省するA雄だった。

F野：「購入したモノだからって、原材料は知らない、ではダメなのよ！」
D川：「"知ってるだけ"ではまだアカン！得た情報を開示せなアカンのや！」

　そのあとのD川の話はこうだった。

- 購入したものだから、原材料は知らないでは通らない。
- 授受の際、"あげる側"が"もらう側"に原材料を含めた情報をわかるようにする責任がある。
- 食品などとはちょっと違うが、これは機械製品などに使用する化学物質なども同じである。
- 今回のA雄の行動は、技術者として考えが足らない。技術者とは常に考えることが仕事である。このような業務と異なる領域のことでも考える訓練につながる。
- 業務以外でも、常に、情報開示責任や説明責任はついて回る。
- メーカーが原材料の情報を開示していない場合は、開示請求をしなければならない。

A雄：「ところでG田さんは、何でそのお菓子の袋を一生懸命伸ばしているのですか？」
G田：「A雄！お前が袋をクシャクシャにしたからじゃ！」
A雄：「その状態でも、原材料名は読めるじゃないですか？」
G田：「このままじゃぁ、収集ファイルに貼られへんやん。」

実はお土産の袋をコレクションにしているのはＧ田のほうだったのだ。顔に似合わず、マメに収集ファイルに貼り付けているのだった。
　Ｇ田の行動に対して、Ａ雄はばかにした態度を示した。しかし課長のＤ川の考えは違った。Ｇ田のような収集癖は男性技術者によくあること。しかもＧ田のように収集物を加工し整理することは技術者にとって重要な資質と考えている。
　それは技術資料やデーターも同じだと考えているからだ。ただ単純に収集するだけではダメで、ちゃんと加工し整理することが重要なのである。加工し整理したものは情報であり、情報でないと使えない。そして情報は知識につながるものだと考えているからだった。

　そのあと、長時間に渡って収集癖を自慢しあう男性陣。そしてそれを生暖かい目でＦ野が眺めていた。

> 集めただけやと、なんにもならん。加工し整理して初めて情報になるんや！

> 情報にしないと知識にはつながらんですね。

2-1 知らないとコワい 化学物質管理

2-1-1　機械技術者にもある化学物質との接点

　新しい車を買って初めて乗ったとき、普段通勤で利用している地下鉄にデビューした新型車両に乗ったとき、ステレオを買って家で段ボールを開梱したとき、「あ、新車のにおいだ」とか、「新品特有のにおいだ」とか感じた経験はありますよね？　においの原因は、化学物質です。化学物質は、原材料としてはもちろんのこと、接着剤や洗浄剤、塗料など、製品を組み立てたり仕上げたりする段階においても、製造工程や製品に関わってきます。

　機械技術者は、設計者や仕様決定者として、設計や仕様の決定段階、製造段階、お客様の使用段階、そして、製品が廃棄物として処理される段階それぞれにおいて、人や環境に影響を与えないようにする必要があります。機械技術者は、化学に強い！という人は、そう多くないと思いますので、些細なことでも、なるべく源流側（企画・設計段階）から注意して産業事故、環境事故、製品事故につながらないようにしていく必要があります。

「くさいものには蓋」では、ダメなんですね。

どんなトラブルも源流から対策するのが大事やぞ！

2-1-2 専守防衛こそ大事！お客様が廃棄する段階まで想像してみよう

　製造に使う化学物質、製品に含まれる化学物質が、各段階でどのような影響を与える可能性があるのかを設計段階で検討しておくことは大切です。

　「混ぜるな！危険！」の表記がある家庭用洗剤はよくご存知だと思いますが、これは、まだこのような表記がなされていない（実際には、細かい文字で注意書きとして書かれていたそうですが）頃、まさにこの表記がなされるべき製品2種類（次亜塩素酸系殺菌漂白剤と、酸性洗浄剤）を現場（ご家庭の掃除現場）で混ぜて発生した塩素ガスによる中毒事故がきっかけで広まった表記です。製品企画の段階で、自分の企画・開発した製品の使用現場（家庭のトイレやお風呂場・・・当然、様々なタイプの洗浄剤、殺菌剤などがシンクのスペースに並べて置かれている）のことを思いやって製品企画・開発を進めていたら、防ぐことができた事故かもしれません。

　この例は化学物質そのものが製品機能を発揮している事例ですが、機械製品や部品の企画・設計の場合も決して対岸の火事ではありません。製品表面のカラーリングを、溶剤系塗料による塗装で行うと決めた場合、その作業現場の近くで火器使用作業があれば、当然爆発の危険性が高まります。また、工場が住宅街に隣接していれば、塗装時に発生する揮発溶剤による臭気の苦情がくるかもしれません。そして、製品に使っている材料に微量に含まれていた添加剤が、製品使用者の健康に影響を及ぼすかもしれません。このように、機械技術者が、製造段階での事故や消費者の安全、環境への影響について、企画・設計段階で十分検討していれば防げることは多くあるのです。

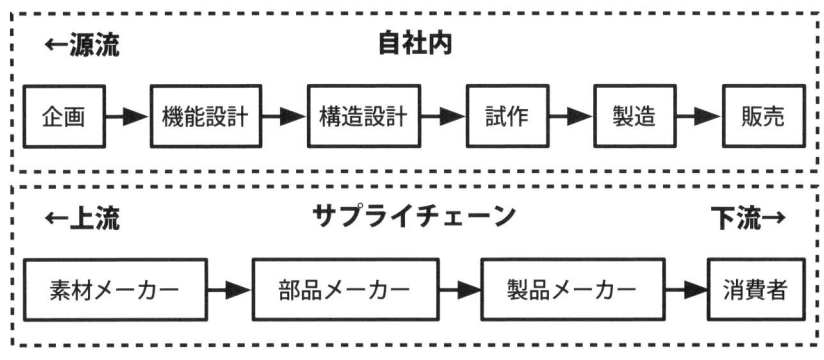

図2-1-1　自社内およびサプライチェーン全体の業務フロー

図2－1－1で、上のフローが、自社内での業務フローになります。右端の販売の段階まで至ったもので、消費者の安全をおびやかすトラブルが製品にあることがわかりますと、リコールや、製品回収などの対応が必要になる場合があります。製造段階で製品トラブルが判明した場合でも、多量の製品の廃棄や手直しが必要になるでしょう。機械技術者として、企画〜設計段階でそのようなトラブルが予測できれば、このような大ががかりな対応に至らずに済みます。

　また、図2－1－1の下のフローは、自社を含むサプライチェーンの大雑把な構成を表しています。化学物質に関する情報交換が必要な場合は、素材メーカーまでサプライチェーンをさかのぼる必要があります。日ごろから、自分のかかわっている製品のサプライチェーンをよく理解して、何らかのトラブルがあった場合には、迅速に対応できるように準備しておく必要があります。

　このように、機械技術者といえども、最低限の化学物質管理に関する法的知識、技術的対応力を備えておく必要があるのです。

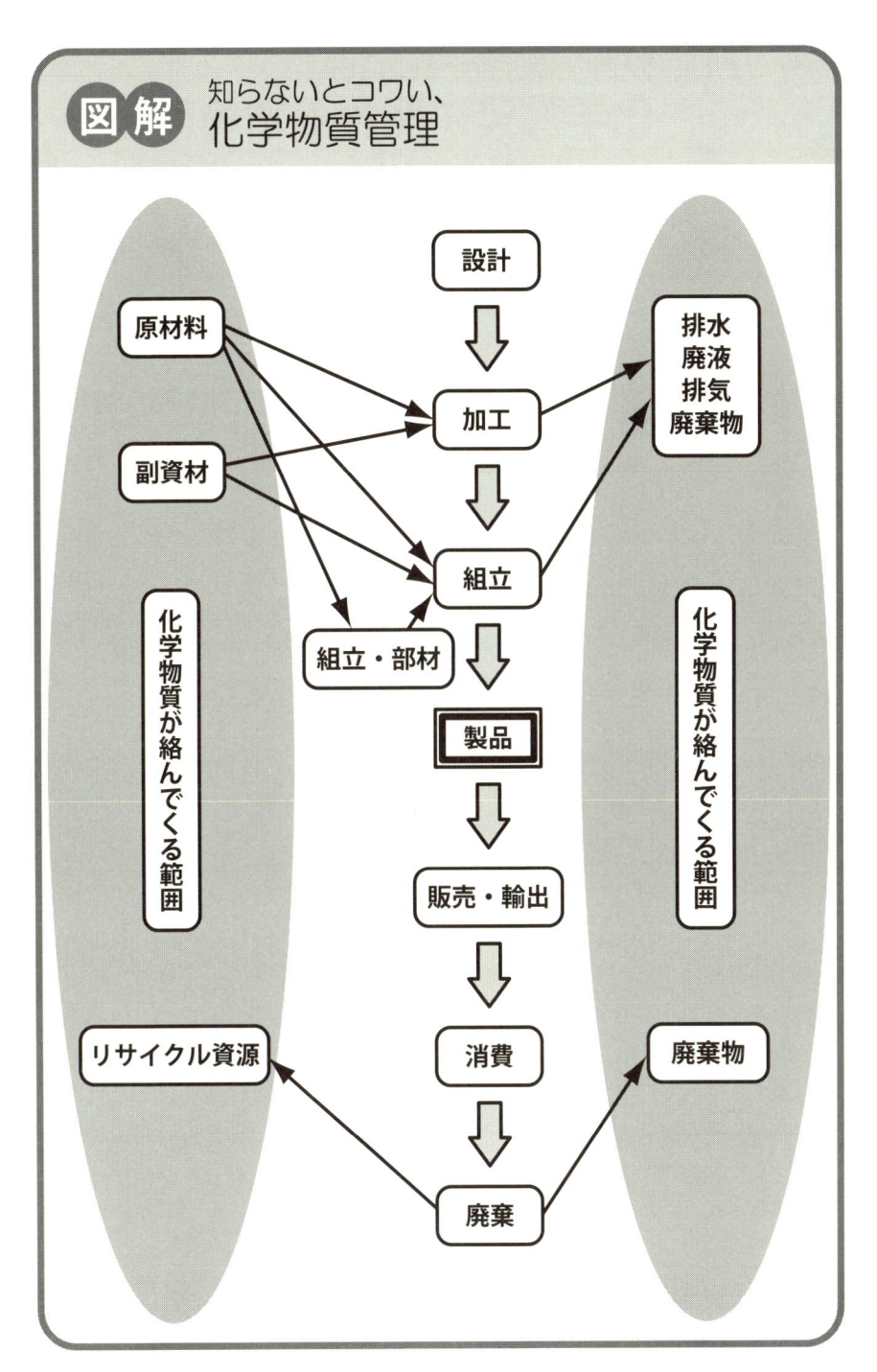

図解 知らないとコワい、化学物質管理

```
              設計
               ↓
原材料 ────→  加工  ────→ 排水
          ↗   ↓    ↘     廃液
副資材 ──    組立 ────→  排気
         ↘  ↑            廃棄物
         組立・部材
               ↓
             製品
               ↓
            販売・輸出
               ↓
             消費
               ↓
リサイクル資源 ← 廃棄 → 廃棄物
```

化学物質が絡んでくる範囲 （左）

化学物質が絡んでくる範囲 （右）

第2章 化学物質管理、そんなんじゃダメですよ！

39

2-2 設計・試作～製造段階での化学物質に関わる法的問題

ここから、製品の企画、設計、仕様決定に携わる立場において、化学物質が関係するポイント（気をつけなければならない点）を、順に見ていきましょう。

2-2-1　(M)SDSって何？　～新しい素材・薬品の採用を検討するときの注意点

機械技術者としてあなたが新しい製品を企画し、設計する中で、材料メーカーで新規に開発された材料・薬品や、そうではなくても、自社や自部署で使用実績のない材料・薬品を使った製品を考える機会もあるでしょう。提供された材料サンプルが、強度試験や信頼性試験など必要な試験で素晴らしい結果が出たうえに、用いて作製した試作品の性能も問題ないことが確認できたとします。喜んだあなたは、さっそく上司に、次の製品に是非、採用したい旨報告したとします。そこで、上司からこんな一言があるかもしれません。

「その材料のSDSは取り寄せてあるか？」

(1) SDSとは何か？

SDSとは何でしょう？これは、safety data sheetのことで、化学物質の性状や安全性、取扱上の注意などが記載されている書類のことです。最近まで日本では、material safety data sheet、略してMSDSとも呼ばれていました。単一の化学物質だけでなく、接着剤や塗料のように、いくつかの化学物質から調剤された製品に対してもSDSは発行されています。そもそも危険性が高い、あるいは環境影響性が高い化学物質には、法律によりその化学物質（を規定量以上含む調剤）を流通させるときには、SDSを添付する義務があるものもあります。そのような義務がないものでも、SDSは、販売元に問い合わせれば入手できますし、最近は、製造元や販売元会社のHPからpdf形式でダウンロードできるようになっている場合もあります。

(2) SDSの中身は？

SDSの中にはどんなことが書かれているのでしょう？　実は記載内容は、標

準化されており、日本においても、JIS Z 7253により、**表2－2－1**のように規定されています。簡単にいえば、①どんな性状の物質か？　②どんな危険性・健康有害性、環境影響性があるか？　③どんな取扱い方をすればよいか？の3点について、記載があるものと思ってください。

表2－2－1　SDSに記載されている項目

項目番号	記載項目の名称	記載すべき、あるいは記載が望ましいとされる内容
(1)	化学品及び会社情報	化学品の名称、製造元会社の名称や連絡先（住所、電話番号など）。
(2)	危険有害性の要約	当該化学品の重要な危険有害性及び影響。特有の危険有害性があればその旨。GHS分類区分に該当すれば、分類区分やラベル要素。
(3)	組成及び成分情報	単一の化学物質か、混合物なのか。化学物質の場合は、その名称（別名がある場合は別名も）、CAS番号など。混合物の場合は、危険有害性物質が濃度限界以上含まれている等、その濃度範囲。
(4)	応急措置	必要があればとるべき応急措置や、避けるべき措置。これらがばく露経路ごと（吸入した場合、目に入った場合など）に異なればばく露経路ごとに記載。 応急措置をする者や医師に対する特別な注意事項もあれば記載。
(5)	火災時の措置	火災時に適した消火法や、用いてはならない消火法。消火をする者に必要な防護措置があれば記載。
(6)	漏出時の措置	人体に対する注意事項、保護具及び緊急時措置、環境に対する注意事項、封じ込め及び浄化（回収、中和等）の方法及び機材、および二次災害の防止策。
(7)	取扱い及び保管上の注意	①取扱い 取扱者のばく露防止、火災・爆発の防止などのための適切な技術的対策法。混合や接触させてはならない、他の物質がある場合など、安全に取り扱うための注意事項。 ②保管 安全な保管のための適切な技術的対策、及び混合接触させてはならない化学品など。保管に適切あるいは忌避すべき容器包装材について。
(8)	ばく露防止及び保護措置	ばく露限界、許容濃度やばく露低減に必要な設備対策。必要な保護具についても記載。
(9)	物理的及び化学的性質	以下の項目で情報があれば記載。 化学物質の外観（形状、色など）、臭い、pH、融点・凝固点、沸点・初留点、沸騰範囲、引火点、燃焼（爆発）の範囲の上・下限、蒸気圧、蒸気密度、 比重（相対密度）、溶解度、n-オクタノール／水分配係数、自然発火温度、分解温度 （次の事項に該当する場合は情報の提供が望ましい。） 臭いの閾値、蒸発速度、燃焼熱、粘度（粘性率）
(10)	安定性及び反応性	反応性、化学的安定性及び特定条件下で生じる危険有害反応可能性。 （避けるべき条件（振動など）、混触忌避物質、発生しうる有害な分解生成物など。）
(11)	有害性情報	以下の項目について簡明かつ包括的な説明を記載。 急性毒性、皮膚腐食性・刺激性、眼に対する重篤な損傷・刺激性 呼吸器感作性又は皮膚感作性、生殖細胞変異原性、発がん性、生殖毒性、 特定標的臓器毒性（単回ばく露）、特定標的臓器毒性（反復ばく露）、 吸引性呼吸器有害性
(12)	環境影響情報	生態毒性、残留性・分解性、生体蓄積性、土壌中の移動性、オゾン層への有害性　などの情報。
(13)	廃棄上の注意	当該化学品だけでなく、付着した容器等も含めて適切な廃棄方法。
(14)	輸送上の注意	輸送に関する国際規制によるコード及び分類に関する情報。 該当する場合は、国連番号・品名・国連分類（輸送における危険有害性クラス）・容器等級、また海洋汚染物質に該当するか否か。
(15)	適用法令	当該化学品にSDSの提供を求める根拠法。
(16)	その他の情報	上記項目以外で、特定の訓練の必要性、推奨される取扱いなどがあれば記載。SDS記載内容の出典元もここに記載。

(JIS Z 7253：2012 附属書D「SDSの編集及び作成」をもとに作成)

(3) SDSの活用法

あなたが新しく導入しようと思った材料や薬品が、製造工程で使用するもの（工程資材）なのか、消費者に販売する製品に使われるものかによっても多少異なりますが、次のようなことは設計者たるあなたが、責任を持って考えておく必要があります。すなわち、その材料・薬品が工程資材の場合、製造現場に携わる方々の安全や健康を害しないか？ 製品に使われる場合、それに加えて、製品を使ってくださる消費者の方々の安全や健康を害しないか？ さらには工場からの廃棄物として、または製品が廃棄され、環境に放出されたとき、環境に害をおよぼさないか？

労働安全衛生法、製造物責任法、循環型社会形成推進法等様々な法律で、技術者や事業者の役割や責務が定められているのです。そして、化学物質の面からこれらのことを考えるうえで、SDSは欠かせないツールなのです。

「表2－2－1　SDSに記載されている項目」の中で、特に安全性に関して、取扱いや保管上の注意が（4）応急処置、（5）火災時の措置、（6）漏出時の措置、（7）取扱いおよび保管上の注意、（8）ばく露防止及び保管上の注意の各項目に書かれています。これらは、自社や加工委託先において、あなたが企画・設計した製品の製造工程での安全確保を達成するために重要な情報です。また、（13）廃棄上の注意、（14）輸送上の注意の項目には、製造工程や、お客様の使用段階から、環境に排出される段階での注意点が書かれています。これらの項目を事前に確認しておくことで、製造段階での事故防止、万が一、事故があった場合の被害拡大防止、環境排出時の安全確保、環境保護に関して、製品の企画・設計段階から対策を打てるようになります。

2－2－2　工程薬剤、工程資材、製造環境にも注意を払おう！〜労働安全衛生と化学物質

　SDSの項目中には、製造工程での安全確保に関する項目が多いです。実際に労働安全衛生法において、640物質については、その物質を一定量以上含む化学品の引き渡し時にSDSの交付が義務付けられるとともに、すべての危険な化学物質の引き渡し時にSDSを交付する努力義務が課せられています。このように、労働安全衛生上、SDSは、非常に重要な役割を担っています。

　SDSを用いて、自社の製造工程の安全管理に役立てる際、大切なことは、SDSは、その物質や化学製品の一般的な性状や使用環境下での注意点が記載されており、直接、自社の製造工程での安全確保に必要な情報すべてが記載されているわけではないことを理解することです。自社の製造ラインが、一般的な環境から離れた条件（高温である、とか、かなりの低湿度である、など）である場合などは、SDSに記載されている内容より、管理に注意が必要になる場合もあります。

(1) SDSを製品製造工程の安全維持、向上に役立てよう！

　具体的に、あなたが選定した原料を用いた製造工程の設備の仕様決定や、作業標準の立案にSDSを活用する一例を示します。たとえば、ある化学原料を用いた作業を人が行う場合、その管理濃度が項目（8）に記載されていますが、項目（9）に記載の蒸気圧のデータから、作業環境中の濃度が管理濃度を超えそうだ、となった時、局所排気設備の導入を製造部門に進言する、などです。このように、SDSのデータは、製造工程の安全確保上にも有用なものですので、そのような観点からも役立ててください。

表2－2－2　化学品に関する労働災害発生件数（2008〜12年累計）

		化学工業	機械工業
事故の類型	有害物との接触	216	326
	その他	10186	30546
起因物	危険物、有害物等	318	507
	その他	10084	30365

（数字は件数）
（中央労働災害防止協会HP　労働災害分析データより作成）

表2－2－2は、化学工業と機械工業の直近5年間の労働災害に占める、累計分類上で「有害物等との接触」にあたるもの、および、原因物からの分類上で「危険物・有害物等」にあたるものの割合です。労働災害の発生件数の面からすれば、化学物質による災害の割合自体は低いものの、機械工業の現場でも、常に化学物質と接している化学工業とさほど変わらない割合で、化学物質に起因する災害が起こっています。さらに、化学災害は、同時に複数の人が中毒になったり、近隣地域に影響が出たりすることも多いので、機械工業の現場においても化学物質による災害対策をおろそかにすることはできないのです。

(2) 工程薬剤、工程資材とSDS

SDSには、項目（12）の環境影響情報、（13）廃棄上の注意があります。工程薬剤や工程資材として、化学品を使う場合、それらは、ほぼ間違いなく工場外に排出される運命にありますので、これらの項目をチェックし、環境影響の少ない形での処理を考える必要があります。実際に廃棄する場合や、排水や排気として排出する場合の注意点は、「2－2－4　忘れがちな廃棄と排気と排水の問題」を参照してください。

また、工程薬剤として使われ、製品には残留しないものでも、労働安全衛生法の対象にはなります。管理濃度などが定められている薬剤は、作業環境が満たされるよう、吸引ダクト付のフードを設置するなどの必要が生じるケースもあります。

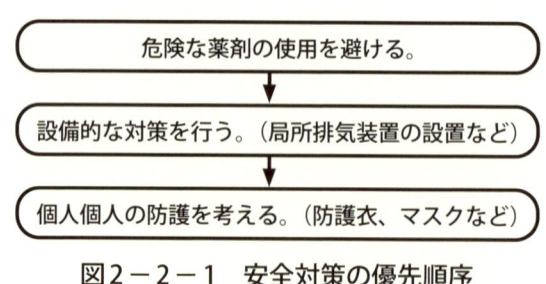

```
危険な薬剤の使用を避ける。
          ↓
設備的な対策を行う。（局所排気装置の設置など）
          ↓
個人個人の防護を考える。（防護衣、マスクなど）
```

図2－2－1　安全対策の優先順序

2－2－3　化学物質の使用量が増えてきたら？

さて、あなたの企画・設計をした製品が順調に売り上げを伸ばし始めてきました。製品の売り上げが伸びていく姿を見るのは、非常に充実感を伴う、技術者冥利に尽きる瞬間です。そんな状況でも、気を抜けない問題が、時として首

をもたげます。売り上げが伸びている、ということは、製品の製造個数が増える、すなわち、製品のための原料、副資材などの購入量が増える、ということです。仕掛り品や、未使用の原料、副資材の在庫量も増えているかもしれません。原材料として保管されている化学品の中には、一度にたくさんの量を勝手に保管できないものもあるので注意が必要です。

(1) 消防法と危険物

　有機溶剤（有機溶剤に溶けた状態で保管されている塗料や接着剤ももちろん含まれます）、動力用の油など引火性の液体や金属粉などは、多くが消防法上の危険物に相当します。これらは、引火のしやすさや消火のしにくさなどから個々の物質ごとに決められた上限量以上を保存するときは、所轄の消防署に許可を得た場所で、許可を得た量までしか、一度に保管することはできません。一般に消防法上の危険物の数量は、各品目の危険性（消防法上の危険性は、あくまで火災、爆発危険性です）に応じた「指定数量」の何倍か、で管理されます。保管しようとする各品目の、指定数量に対する倍数の和が1を超えると、許可が必要になります。

　最近は、各種リサイクル法の整備に伴い、廃自動車や廃家電製品の粉砕に携わる方も増えているかと思います。そのような粉砕現場での粉じん爆発の事故も発生しています。可燃性ガス、液体だけでなく、粉じんの発生する現場での火災、爆発予防対策も心得ておく必要があります。

(2) 高圧ガスや特殊ガス

　ガスボンベなど内部が高圧の状態で保管されているガスや、高圧でなくても、毒性が強い、分解爆発性があるなどの理由で、一定量以上の保管や取扱いが制限されているガスがあります。高圧ガス保安法では、気体の圧力を変えて、結果高圧ガス（その気体の安全性などに応じて決められている圧力以上）の状態になっている、という作業も「高圧ガスの製造」にあたりますので、一定量以上の処理を行う場合には事業所ごとの許可や届出が必要になります。

2-2-4　忘れがちな廃棄と排気と排水の問題

　製造量が増えてきたら、それに伴い当然のように増えるのが排出物です。主に固体の形で出てくるのが廃棄物、機械の洗浄などで液体の形で出てくるのが

排水（有機溶剤主体の場合は廃液）、そして、ついつい忘れがちなのが、溶剤の蒸発などに伴って気体の形で出ていく排気ガス。製造量が増えるにしたがって、問題となってくるこれら排出物のケアを、企画・設計段階で考慮しておくことができて、初めて一人前の企画・設計者と言えるのかもしれません。

（1）廃棄物の適正処理と廃棄物処理法

　産業活動から発生する廃棄物のうち、固体のもの、液体で発生し、廃液として処理されるべきものは、廃棄物処理法の適用を受けます。これらは、産業廃棄物として、適正に処理される必要があります。産業廃棄物は、家庭ごみや事務所から出る一般廃棄物とは異なり、排出者がその処理に責任を負います。通常は、自治体の許可を受けた、運搬業者や処理業者に委託を行うことが多いので、この責任について自覚することはあまりないと思いますが、許可を得ていない業者に委託するなどで、排出者が罰せられるなどの事例もありますので、注意が必要です。

　自ら排出する産業廃棄物の運搬、処分状況は、「マニフェスト（産業廃棄物管理票）」によって確認、管理を行います。マニフェストは、各都道府県の産業廃棄物協会から入手できます。マニフェストは、A票、B1票、B2票、C1票、C2票、D票、E票の7枚つづりとなっています。各票の流れを図2-2-2に示しますが、排出時に必要事項を記入し、運搬時の控えとして手元に残るA票、運搬終了後に返送されてくるB2票、中間処理終了後に返送されてくるD票、最終処分後に送られてくるE票を5年間、保存しておく必要があります。なお、最近は、電子マニフェストといって、オンラインで、排出、運搬、処分の管理がされるケースも多いです。

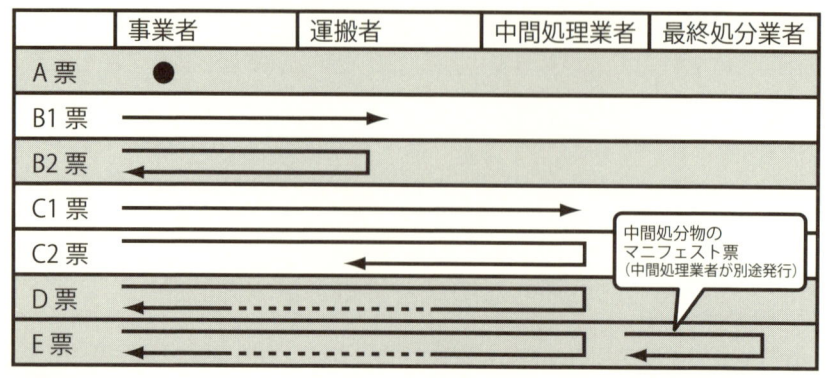

図2-2-2　マニフェストの流れ（網掛部分は排出者が5年保存義務あり）

マニフェストの運用や保管上の違反が発覚した場合には、排出者には、法人、個人への両罰規定があります。産業廃棄物の排出に伴う排出者責任は、このように、厳格に運用されていることに注意が必要です。

(2) 化学物質の環境排出と化管法

化管法は、正式名称を「特定化学物質の環境への排出量の把握及び管理の改善の促進に関する法律」といいます。要は環境への影響が大きい（と思われる）化学物質を指定して、その排出量が多い事業場からの排出量を国が把握し、その量を公表すること（PRTR制度）、該当する物質の引き渡し時にはSDSを添付すること（SDS制度）を規定した法律です。

具体的には、第一種指定化学物質と、第二種指定化学物質が、本法律により規定されており、PRTR制度とSDS制度の対象になるかは、**表2−2−3**のとおりになっています。

表2−2−3　化管法の適用範囲

対象制度	PRTR制度	SDS制度
制度の内容	排出量を毎年国に届け出る	その物質を譲渡するときまでにSDSも交付する
第一種指定化学物質	対象	対象
第二種指定化学物質	非対象	対象

第一種指定化学物質には、クロロホルム、トルエン、ノルマルヘキサンなど、塗料や接着剤の溶剤や、油除去のための洗浄剤として使われるものも多く含まれています。これらは、ほぼ全て、気化して排気として、あるいは、液体のまま廃液として排出されるでしょうから、使用量＝排出量として、もし一事業所（＝ひとつひとつの工場）あたりの年間使用量が1tを超える場合、どのような排出形態で、どの程度の量を事業所外に排出しているか、計量あるいは計算して、その数値を国に報告する義務が生じます。

排水の形で工場外に排出し、公共の下水道や水域に入っていくものは、当然、水質汚濁防止法や下水道法の規制を受けます。めっき作業など金属系排水を多く出すケースや、有機溶剤で洗浄等を行うようなケースでは、工程から排出される排水が、国の環境基準や、各地域の下水排除基準以下の有害物質濃度である必要があります。排水基準を満たさない、あるいは、漏出事故を起こし

たのに適切な処置や報告を怠る、などの場合は、罰則規定もある（両罰規定）ので注意が必要です。

ルールを守った排出を心掛けなければなりませんね。

機械技術者にとって、安全だけじゃなく、環境を考えるうえでも化学物質管理は重要やぞ。

図解 設計・試作〜製造段階での化学物質に関わる法的問題

化学物質情報の入手方法と役立て方

SDSの提供を受ける

ハザード評価情報

⬇

リスク評価を実施

- 作業手順書など自社の労働安全衛生に役立てる。
- 自社製品の取扱説明書作成など、製造物の安全確保に役立てる。
- 廃棄物処理など自社の環境管理に役立てる。

第2章 化学物質管理、そんなんじゃダメですよ!

> **ちょっと休憩** 機械技術者が関わりうる化学物質関連法規一覧

ここで一度、化学物質に関連する法律を整理しておきましょう。

下の図を見てください。本章でも登場するものを中心に主だった法律をまとめてみました。楕円の中心付近に位置するものが、化学物質そのものに関して規制や手続きを規定する法律で、楕円の外側に行くにしたがって、ライフサイクルの下流側を対象とするような法律になっていきます。また、上半分は、主に環境を守るための法律、下半分は主に人の健康を守るための法律です。

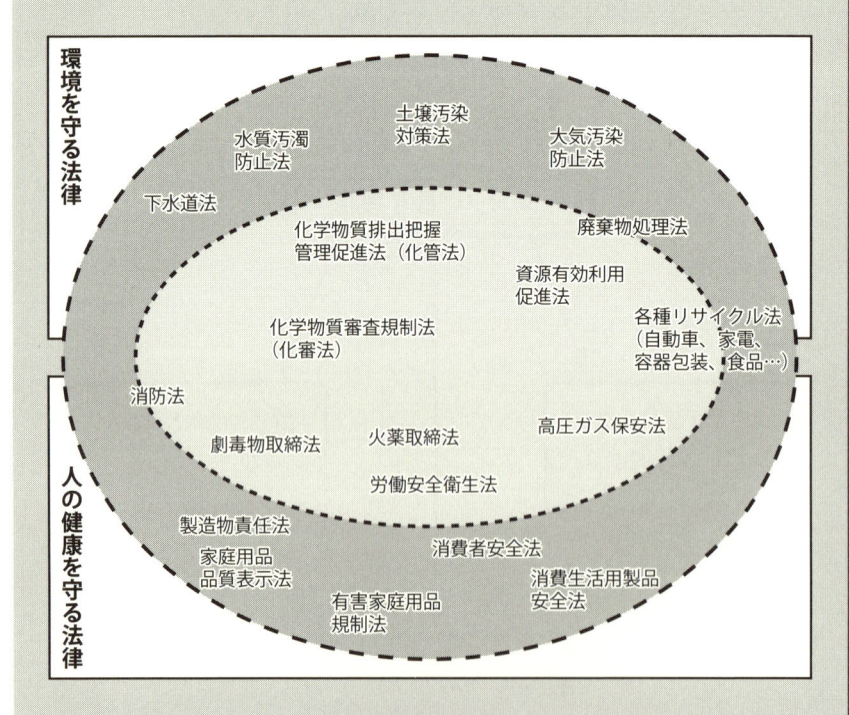

```
環境を守る法律
                   土壌汚染
         水質汚濁   対策法      大気汚染
         防止法               防止法
  下水道法
              化学物質排出把握     廃棄物処理法
              管理促進法（化管法）
                          資源有効利用
                          促進法
                                      各種リサイクル法
              化学物質審査規制法                （自動車、家電、
              （化審法）                     容器包装、食品…）
  消防法
         劇毒物取締法  火薬取締法   高圧ガス保安法
                   労働安全衛生法

人の健康を守る法律
         製造物責任法        消費者安全法
         家庭用品
         品質表示法                消費生活用製品
                    有害家庭用品    安全法
                    規制法
```

上記の法律は、必ずしも、化学物質のみを対象とした法律ばかりではありませんが、多種多様な法律により化学物質と、人間や環境との関係性がコントロールされていることを理解してください。

2-3 販売・輸出～お客様の使用・廃棄段階での化学物質に関わる法的問題

よく耳にする製品のリコールのニュース。製品使用時の安全上疑義が生じた場合を中心に、リコール（製品回収と無償修理あるいは交換）の対象となります。特に最近では、かなり昔の製品の回収のお願いが、テレビコマーシャルで何度も訴えられるなど、製品使用時の安全確保はますます重要になってきています。

2-3-1 国内販売時の注意点～用途に応じた特別な配慮が必要な場合も！

製品が何らかの欠陥（特に安全上の瑕疵）があった場合、使用側は、製造側に対して、「2-3-4 製造物責任と化学物質」で取り上げる製造物責任法に基づく損害賠償の請求ができます。また、あなたの企画・設計した製品が特段の安全性を必要とする用途に仕向けられる場合は、さらに注意が必要です。たとえば、医療機器では人体と密に接触したり、場合によっては体内で使われたりすることから、使われる材料の生物学的安全性試験の方法や指針もJIS化（JIS T 0993-1）されています。

2-3-2 輸出先の規制にも注意～事前準備が大切

世界的な化学物質管理のトレンドとしては2つの方向性があります。1つめはリスクベースによる管理、2つめは製造～販売～消費～廃棄に至るライフサイクルトータルでの管理です。ここでは、その先鞭ともいえるEU圏のREACH規則を中心に見ていきたいと思います。

(1) EU圏（REACH規則）

世界の化学物質管理の方向性をリードしている、といえるのがEUです。化学物質管理に関して、ここ10年程度の間でも最もホットな話題であったREACH規則のほか、RoHS指令、WHEE指令など、重要な規則、指令があります。（注：「規則」とは、それ自体がEU各国において国内法と同等の効力を持つもの、「指令」とは、その「指令」に基づいた国内法規ができるまでは、各

国において、国内法と同等の効力を持たないものです。）

　REACH規則そのものは極めて膨大な内容からなりますので、ここでは、加工・組立メーカーの技術者としての立場上、心得ておくべきことをピックアップします。

　まず、REACH規則の対象範囲に、物質そのものやその混合物（言うならば化学製品の段階のもの；それぞれsubstance、mixtureとREACH規則では呼びます）だけでなく、部品や最終製品のような「形あるもの（=articleとREACH規則では呼びます）」も含まれることです。ライフサイクルトータルでの化学物質管理としてのREACH規則の特質が現れています。

　また、REACH規則では、新規、既存を問わず、EU域内での製造、域外から持ち込まれる量のトータルが1t/年以上となりうるすべての化学物質を対象とし、優先順位（健康・環境影響性と流通量）を勘案して、その程度に応じて登録、評価、認可、制限を加えていくことをうたっています。特に認可の段階までいきそうな、安全性や環境影響性に懸念のある物質は、SVHC（高懸念物質）として順次公表されており、0.1％以上含むarticleも届出対象になります。

　この「ライフサイクルトータル性」と、「物質網羅性」があるがゆえに、どこかの段階（素材段階、部品段階、製品段階、もしかしたらリサイクル段階）で、EU圏に出荷される可能性があって、食薬品や完全な天然物以外のものを扱う業界あちこちで、REACH規則対応が大きなトレンドになったわけです。

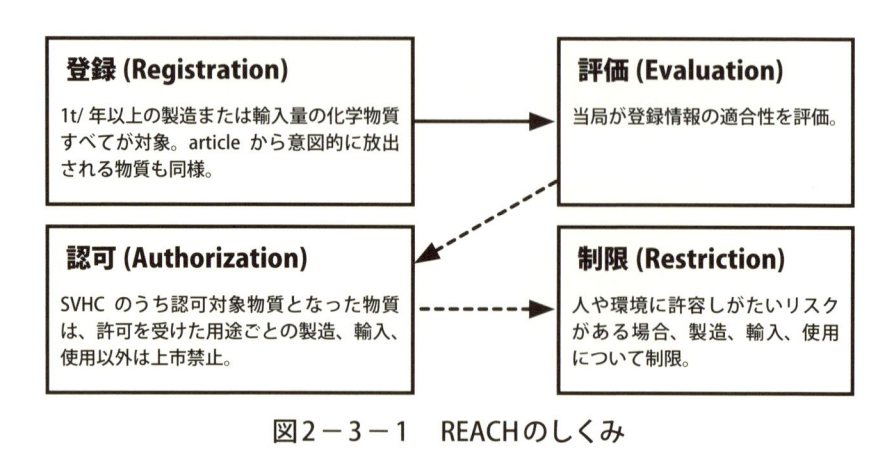

登録 (Registration)
1t/年以上の製造または輸入量の化学物質すべてが対象。articleから意図的に放出される物質も同様。

評価 (Evaluation)
当局が登録情報の適合性を評価。

認可 (Authorization)
SVHCのうち認可対象物質となった物質は、許可を受けた用途ごとの製造、輸入、使用以外は上市禁止。

制限 (Restriction)
人や環境に許容しがたいリスクがある場合、製造、輸入、使用について制限。

図2－3－1　REACHのしくみ

　REACH規則の中で、特に加工・組立メーカーが注意すべきポイントには、①登録時に、EU圏内において10t/年以上の製造、輸入量がある物質に関して

は、化学品安全性評価を行い、化学品安全性報告書を作成する必要があるが、この報告書は、この物質の用途に応じて作成される必要があり、加工・組立メーカーのような化学品ユーザーからの用途の指定（開示）を必要とすること（開示ができない場合は、その加工・組立メーカー自身が化学品安全性報告書を作成する必要があること）。

②SVHCとして公表された物質を0.1％以上含む物品をサプライチェーンに乗せる場合は、次のユーザー（素材メーカーから部品メーカーへ、部品メーカーから完成品メーカーへ、というように）にその旨を伝達しなければならない。また、EU圏内への輸出量が、その物質の量換算で1t/年を超える場合は、欧州化学品庁（ECHA）への届出が必要である。

というものがあります。サプライチェーンの中に加わっている立場として、化学物質情報を責任を持って受け取り、川下に流していかなければならない、という責任ある立場を加工・組立メーカーにも課してるものだと理解してください。特にSVHCとしてリストに上がっている物質は、基本的には製品に入ってこないようにするべきでしょう。原料サプライヤーからSVHCの含有はない、とされた原料を使っていたにもかかわらず、市場に出たarticle（組立成形品）段階でSVHCが検出されたために、そのarticleの製造販売会社が、製品回収を行った、という事例は実際にあります。

> 化学物質管理もサプライチェーン全体で協力して行う必要があるわ。

> 加工・組立業界も化学物質管理に無縁ではいられないんですね。

　加工・組立メーカーでの作業は、通常、物質の化学変化を伴う作業は、ほとんどないか、あっても複合材の樹脂を硬化させるなど、原料メーカーの「手の内に入っている」範囲のものがほとんどでしょう。それでも塗料や接着剤の乾燥では溶媒の揮発が伴いますので、できた塗膜の化学組成は原料とは異なりますし、もしかしたら、ラインの中で高温にさらされている間に、知らず知らず

のうちに揮発性物質が抜けてしまい、化学的な組成が変化してしまっていることもあり得ます。このように、物質の化学変化や、組成の変化（それも特定成分の濃縮）があった場合は、加工・組立メーカーといえども、単に受け取った原材料の化学物質管理情報を機械的にさらに下流に受け渡していくだけでなく、自ら化学物質管理情報を更新して下流に受け渡す必要があります。このように、加工・組立メーカー自身が、自社の工程での化学変化、化学組成変化（図2－3－2にイメージを掲載しておきます）を定量的に把握して、下流側に伝えていかなければならないこともありますので、計画している生産工程で何が起こるのか、事前にしっかり把握しておく必要があります。

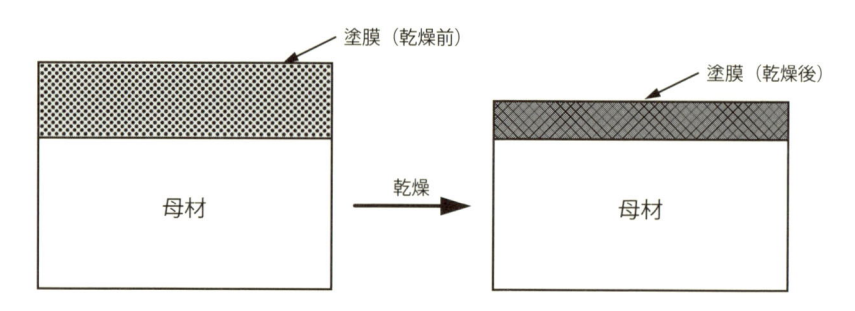

図2－3－2　製品の化学組成が変わる例（乾燥工程による蒸発の例）

(2) アメリカや中国

　アメリカには日本の化審法に相当する有害物質規制法（TSCA）、日本の安衛法に相当する労働安全衛生法（OSHA）があり、その基準としての危険有害性周知基準（HCS）があります。TSCAでは、意図的に放出される化学物質がない限り、原則として成形品は対象外となっています。ただし、TSCAは大きな改正も議論されていますので、今後の動向には注意が必要です。

　中国においては、中国版REACHとも言われる新規化学物質環境管理弁法への対応がホットな話題となっています。オリジナルのREACH同様、成形品が定義されていますが、今のところ、意図的に放出される化学品のみ規制の対象のようです。

2－3－3　海外での生産を考えるとき

　各国の法規制は、製品の輸出だけでなく、現地での生産を考えるときにも考

慮が必要になります。また、他国で生産した製品を（日本も含めて）さらに別の国に輸出する場合など、サプライチェーンが複雑になるほど、化学物質の情報管理も複雑になっていきます。サプライチェーン上、どこかの時点で経由するたった一つの国で、製品を構成する部材のたった一つの原料成分が登録されていない、ということでそのサプライチェーンは機能しなくなります。

たとえば、日本でプラスチック用添加剤として使われている成分でも、他国の化審法相当の法律上、未登録となっているものもあります。この添加剤を配合したプラスチックは、その国では材料として使えない、ということになりますので注意してください。

2−3−4 製造物責任と化学物質

1995年施行の製造物責任法（PL法）では、消費者は、製造物の欠陥が原因で、損害を被ったことを立証すれば、製造側に賠償責任を問えることとなりました。ここでいう損害とは、生命に関するもの（安全）だけでなく、財産に関するもの（有体物の損壊に関する財産的損害）も含まれます。

化学的な点で、PLとの関連で特に注意が必要なのは、有体物の損壊に関して、たとえば、紫外線に常時さらされているなど、過酷環境下での材料の耐久性です。ある種のプラスチックなど、決して紫外線には強くない材料が、屋内では20〜30年の耐久性が確認できたのに、屋外使用を想定すると5年ももたない、という結果になることはよくあります。また金属材料でも、海岸沿いの地域で使用すると、さびによる劣化が予想以上に早く進行する、などの現象があり得ます。加速試験など、劣化を判断するための試験は、皆さんも行ったり、結果を参考にしたりする機会は多いと思いますが、耐久性は使用環境が変われば大幅に変わるものとして、評価結果の判断をしなけばなりません。

また、特に一般消費者向けの製品に関しては、消費者行政に関する法律の影響も受けます。2009年制定の消費者安全法により、消費者が消費を行うすべての製品や役務について、消費者の安全に係る重大な事故の予防や発生後の対応について、行政側と事業者の関係、役割が規定されました。特にある製品に関して、重大事故が発生し、被害拡大を防止する取り組みを、その製品の安全性に責任を持つべき事業者が積極的に行わなかった場合、内閣総理大臣は、その改善に向けた勧告、場合によっては、違反罰則を伴う措置命令を出すことができることになっています。

消費者基本法を基本法令とした消費者保護の法体系の中で、消費者基本法でも言及のある、消費者の8権利のうち、特に電気・機械製品に関連が深い、安全や表示に関する法律を図2－3－3に示します。消費者安全法は、個々の製品ジャンルごとの安全に関する法律ではカバーしきれない製品の安全もカバーしますので、これまで安全に関する法律整備が不十分であった製品ジャンルの製品を製造する事業者は特に注意が必要かもしれません。

基本法	基本法で規定された消費者の権利	関連法
消費者基本法	基本的な需要が満たされる権利	
	健全な生活環境が確保される権利	
	安全が確保される権利	消費者安全法 消費生活用製品安全法 電気用品安全法
	選択の機会が確保される権利	
	必要な情報が提供される権利	景品表示法 家庭用品品質表示法
	消費者教育の機会が提供される権利	消費者教育推進法
	意見が消費者政策に反映される権利	
	被害者が適切かつ迅速に救済される権利	

↓
消費者の自立

図2－3－3　消費者の権利と関連法案

2－3－5　LCAと各種リサイクル法

　「カーボンニュートラル」という概念があります。これは、その物質を作る過程で、大気中の炭酸ガスを取り込んで、その物質を廃棄して燃やしたときに発生する炭酸ガスと相殺するので、ライフサイクル全体で、大気中の炭酸ガスの量に影響を与えませんよ、ということです。特にバイオマス原料由来の製品に対して、こういう言葉が使われることが多いです。実際は、そのバイオマスが人為的に栽培されたものであれば、その栽培過程で投入されたものの、そのバイオマスに固定化されなかった炭素分もありますので、そのバイオマス原料のLCA全体でのカーボン収支と、非バイオマス資源原料のLCA全体でのカーボン収支から、どちらがより「カーボンニュートラル」に近いのかを比較し

て、より環境影響の少ない材料を選ぶ、ということになります。

　製品の設計段階では、選ぶ材料の環境影響と製品寿命の整合性も考慮する必要があります。いくら材料そのものが環境影響が小さいものであっても、耐久性が求められる製品への適用を考える場合には、耐久性も考慮して採用を検討しなければなりません。循環型社会形成推進基本法において、廃棄物には、排出者責任とともに、拡大生産者責任という考え方が示されています。この拡大生産者責任とは、生産者が生産した製品に対して、消費者の手元にわたり、最終的に廃棄される段階になっても、当該製品の適切なリユース、リサイクル、処分に一定の責任を負う、という考え方です。この考え方に沿った形で、自動車や家電製品などの組立製品を作る事業者は、資源有効利用促進法（2000年制定、正式名称は「資源の有効な利用の促進に関する法律」）において、製品の長寿命化と使用済み物品の発生抑制を求められています。また同法において、3R（リユース、リデュース、リサイクル）が容易な製品設計も求められており、その具体法として、各種リサイクル法（容器包装リサイクル法、自動車リサイクル法など）があります。数値目標および目標年度を決めた各業界ごとの取り組みも行われているケースもありますので、3Rの推進に効果的な材料選定を設計段階から考えるようにしてください。

環境基本法 （環境基本計画の中で3R推進を謳う）	
循環型社会形成推進基本法 （循環型社会、3Rの定義、排出者責任、拡大生産者責任の明確化）	
廃棄物処理法 （廃棄物の排出抑制と適正処理）	資源有効利用促進法 （業種ごとの3R推進取組みについて）
	個別リサイクル法 ・容器包装リサイクル法 ・食品リサイクル法 ・家電リサイクル法 ・建設リサイクル法 ・自動車リサイクル法

図2−3−4　3Rに関する法体系

2−3−6　BCPと原材料〜化学品だって廃番、リニューアルがあるんです！

　近年、商品の製品寿命は、どんどん短くなってきている、という話を聞くことが多くなってきてませんか？　みなさんの設計している製品でも、一昔前の製品に比べて、上市から、リニューアルしたり、製造中止になったりするまで

の期間は短くなってきているかもしれません。こういった、廃番や製品リニューアルは、最終消費財や産業用機械に限らず、化学品にもあることを忘れてはなりません。

　BCP（Business continuity planning；事業継続計画）とは、自社内外を問わず、ハプニングやトラブルがあっても、事業を継続していくための策を事前に立案しておくことです。何らかの事情で今まで入手できていた原材料が手に入らなくなることを想定した準備が大切です。BCPとは、自社が直接、事故や天災等でダメージを受ける場合だけを考えておけばよいというわけではないのです。

（1）化学品の廃番やリニューアルは、どういうケースで起こるのか？

　機械製品の場合、最終消費財であれ、産業用機械であれ、廃番やリニューアルの最大の要因は、普及が一巡した、などの理由で、売れ行きに陰りが見えてきたときのような、あくまでマーケットとの関係のなかに要因がある場合が多いと思われます。しかし、化学品の場合、売れているはずの製品が、突如、廃番になったり、リニューアルされたりすることもよくあり、注意が必要です。何故そのようなことが起こるのでしょうか？

　化学品の廃番・リニューアルでよくあるのは以下のようなケースです。
①増えすぎたグレード、カスタマイズ品、枝番製品の統合・集約
　化学品は、あるベース素材があって、そこに、機能や性能を向上させるための添加剤を加えている場合が多くあります。これは、塗料や接着剤のような「液もの」に限らず、自動車の部品に使われるようなエンジニアリングプラスチックでも同様です。素材メーカー側は、あなたが要望した性能・機能を満たすためには、もしかしたら、特殊な添加剤をほんの少し、あなたの要望のためだけに加えているかもしれません。素材メーカー側では、そのような要望が増えれば増えるほど、カスタマイズ品やグレードの数が増え続けていき、ラインの切り替えなどにかかる費用がかさんでいき・・・ついにある日突然、あなたのもとに、グレード統合集約とともに、今まで供給していたグレードが廃番になる旨の連絡が来ることもあるのです。

②その化学品製造のための原料が変わる（さらに上流側での廃番・リニューアルの影響を受ける。）

化学品にも、その化学品を作るための原料が必要です。その原料の供給が途絶えたために、あなたが使っていた化学品が作れなくなってしまった。そのようなことも起こり得ます。あなたが使っていた化学品そのものは、問題なくても、その原料となる物質に、新たに毒性が見つかるなどの問題が起き、その原料物質を用いて、あなたが使う化学品を作っていた会社が、毒性の低い物質に原料を切り替えて、よく似た機能・性能の新製品に切り替える、などの場合です。

> 原料調達の継続性もものづくりの中では大切なんですね。

> そう。特に原料がカスタマイズ品なんかのときは海外にも出せるものか、とか事前に把握しておかないと大変なことになるぞ！

　さて、このように、突然、あなたは、

- それまでに使っていた化学品と同じものを、他社から調達するようにする。
- それまでの化学品の後継品番の新製品を、同じ会社から買い、使うようにする。

などの方法で、切り抜ける必要があります。これら切り替え後の化学品は、今まで使っていたものと同じと言えるのでしょうか？

(2) 同じ品名のものは同じと言えるか？

　フェルメールの青色といえば、言わずもがな、のラピスラズリ。ラピスラズリは、産地によって、化学組成が異なり、そのため、色や蛍光が異なります。このように、天然の原料は、産地などによって、成分構成が変わるのは理解できると思いますが、それでは工場で作られている現代の化学品はどうなのでしょうか？　同じ名前の化学物質は、A社品もB社品もまったく同じなのでしょうか？

　答えは否。たとえば、こういうケースも実際にあるのです。あなたが仮に、xという樹脂（単一成分の樹脂とします）を自社製品の筐体に使っていたとします。この樹脂は、A社とB社というライバル関係にある2つの化学会社が製造販売しており、あなたはA社品を使っていたとします。ところがある時、A社のx製造工場が事故を起こし、x樹脂の製造がストップすることになり、B社品への切り替えを検討することになりました。同じxという単一成分の樹脂だから何の問題もなく切り替えができると、タカをくくっていたあなたは、B社品を試験ラインに通してみましたが、まっ茶色に製品が変色してしまっていました。そしてあなたは大慌て・・・。

　こういうことは、実際、たまに起こっています。よくある原因は、互いにライバル関係にあるA社とB社が、お互いに独自の製法特許を持っており、まったく同じ製法でx樹脂を製造できないようになっているケースで、特にxの製造に必要な微量添加成分（触媒など）が違うケースです。この、（SDSに掲載されない程度の）微量添加成分の熱安定性などがA社品とB社品で大きく異なり、上記のようなケースが発生することがあるのです。このようなことを防ぐためには、常日頃から、自社製品に必要な原材料のセカンドソースを検討しておくことを心掛けることです。

図解 販売・輸出〜お客様の使用・廃棄段階での
化学物質に関わる法的問題

```
        ┌──────────────┐
        │ 原材料メーカー │
        └──────────────┘
        ┌──────────────┐
        │ 加工組立メーカー │
        └──────────────┘
        ┌──────────────┐
        │ 使用者・消費者 │
        └──────────────┘
        ┌──────┐
        │ 廃棄 │
        └──────┘
```

| REACHをはじめとした、ライフサイクルでの情報把握のしくみ | モノの流れ + 製品安全情報 化学物質情報 の流れ | 製造物責任法、各種消費者関連法令による消費者保護制度 |

モノ（製品）のやりとりと、お金のやりとりと、情報のやりとりは三位一体と心得ること！
（供給に対する責任と「四位一体」となることも。）

第2章 化学物質管理、そんなんじゃダメですよ！

2-4 化学物質管理のこれから

2-4-1 どんどん進化する化学物質情報のサプライチェーン

　製品ライフサイクル全体での化学物質情報の把握を図るためには、必要かつ十分な情報が的確に下流側に伝わっていくしくみが必要です。日本ではボトムアップ的に業界団体や、サプライチェーンファミリー主体となって、JAMP方式（アーティクルマネジメント推進協議会）、JGPSSI方式（グリーン調達調査共通化協議会）など複数のしくみが立ち上がっています。これらのしくみでは、書式や記載項目の統一化や、ITを活用した化学物質情報の伝達、蓄積、活用の効率化を図っています。

　世に送り出される組立製品は、たくさんの部品からできており、それら部品は何らかの素材からできている、さらに各種素材は、様々な化学物質で構成されている、というわけで、図2-4-1のような形で、もれなくひも付けをしていけば、どんな大きな組立製品であっても、それを構成する化学物質のレベルで把握可能なはずです。（実際は、企業秘密の配合がなされている化学品や素材も多く、それらの情報は一部、ベールに包まれたままになることが多いですが。）これらのしくみにおいては、サプライチェーン全体で、このひも付け作業を分担して効率よく行うためのツールが準備されています。

製品	部品1	素材1-1	SDS
		素材1-2	SDS
	部品2	素材2-1	SDS
		素材2-2	SDS
		素材2-3	SDS
	部品3...		
	副資材A	素材A-1	SDS

図2-4-1　ひも付けのイメージ

　ただし、これらのしくみは法律に基づいたものではなく、これらのしくみに基づいた情報伝達を行ったうえでも、たとえば、化管法上、SDSの情報提供が必要なものは、別途、SDSの情報提供もしなければなりません。

今後はサプライチェーンのグローバル化が益々進展していく中で、世界共通の化学物質情報伝達のプラットフォームが構築されていくかもしれません。日本においても経済産業省主導で、サプライチェーン全体での化学物質情報の共有化と管理に向けたルールの統一化や標準化に備えた取り組みが始まっているようですので、今後その動きは注視しておく必要がありそうです。

2-4-2　ますます厳しくなる各国の化学物質管理

　2002年のヨハネスブルグ宣言において、2020年までに化学物質の製造と使用による、人体、環境への影響を最小化する、ということが宣言されました。この宣言の達成に向けた総合的なアプローチとして、SAICM（strategic approach to international chemical management）というロードマップ的な計画が策定され、以後の各国の化学物質管理の体制更新が図られています。人体や環境への影響最小化という目標感からも、化学物質管理体制は、今後も強化されていくでしょう。

　また、REACH規則に代表されるような、リスクベース管理、LCA全体を通じた管理、という方向性も継続されていくでしょうから、「化学系の会社の化学系技術者」でなくとも、化学物質の管理の枠組みには、メーカー技術者として、はたまた消費者として、自分自身も組み込まれている、という意識を持ち続けるようにしてください。

　また、世間の環境配慮意識高揚に応じた取り組みも重要です。大気汚染につながるようなVOC（揮発性有機物）の排出を抑制するにはどういう原料を使うべきか、どういう工程を選ぶべきか、なども同時並行で考えながら、新製品の開発を進めるようにしましょう。

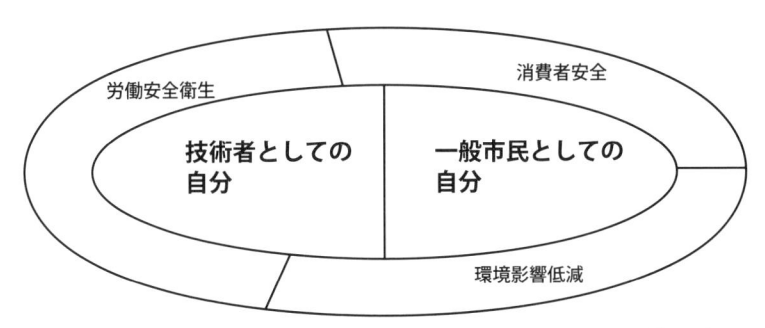

図2-4-2　よき市民・よき技術者としての視点の持ち方

今後の化学物質規制の動向を見据えるうえでも、現在進行形の話題を見ておくことは重要です。ここでは、国際的な話題と国内的な話題を1つずつ取り上げます。1つ目は、世界各国で注目されているナノマテリアルの現状で、2つ目は、日本国内において、事故・災害から規制へと反映されつつある、洗浄・払拭業務に関する薬剤の取扱いについて、です。

(1) ナノマテリアルに関する国際動向
　ナノテクノロジーの進化に伴い、実用に供されるナノマテリアルも増えてきましたが、同時に、人体の健康への影響に対する懸念が取り沙汰されるようにもなりました。しかし、一口にナノマテリアルといっても、その化学組成や形状により、どの程度人体への危険性が異なるのか、また、様々な環境中に凝集体も含めてどの程度存在するのか、などハザード情報、ばく露情報の収集とリスク評価情報も、まだ十分蓄積されているわけではありません。

　現在のところ、欧州委員会では、ナノマテリアルの定義を、「非結合状態、あるいは強い結合状態（aggregate）または弱い結合状態（aggloerate）であり、個数濃度のサイズ分布で50％以上の粒子について1つ以上の外径が1nmから100nmのサイズである粒子を含む、自然の、または偶然にできた、または製造された物質（material）を意味する。特定のケースであって、環境・健康・安全・もしくは競争力に対する懸念に基づいて正当化される場合には、個数濃度のサイズ分布の閾値である50％は、1～50％の間の閾値に置き換えてもよい。」としています。その他の地域でも、ほとんどの場合、粒子径の上限は100nmとしていますが、この100nmには、生理学的な根拠はなく、粒子径も含め、ナノマテリアルの定義も変化することが考えられそうです。

　同一の化学組成、化学結合様式で成り立っている物質は、サイズがナノサイズであってもなくても同一とみなされてきましたが、アメリカでは、この見直しが進んでおり、少なくともカーボンナノチューブは、従来の黒鉛その他の炭素同素体とは異なる新規物質とされています。今後、特にナノサイズの領域で使われることの多いものについて、このような考え方が広く導入される可能性も見据えておく必要がありそうです。

(2) 洗浄・払拭業務に関する薬剤の取扱い
　特定の成分（1,2-ジクロロプロパン）を含む洗浄剤を用いた洗浄・払拭業務に携わっていた方で、胆管がんが多発したことを受け、厚生労働省から、「洗

浄又は払拭の業務等における化学物質のばく露防止対策について」という通達が2013年3月に出されました。そして、ほどなく、労働安全衛生法施行令、労働安全衛生規則、特定化学物質障害予防規則の改正があり、この物質を含む洗浄・払拭業務は、作業主任者の専任、作業環境測定の実施、作業の記録等の措置が法的に義務付けられるにいたりました（2013年10月1日から、ただし一年間の経過措置あり）。

　大きな事故や災害事例に基づき、何らかの措置が講じられることは同様の作業をされる方の安全のためにも非常に大事なことですので（本当は不幸な事故・災害が起こる前に対策をとれるようにするべきなのは言うまでもありませんが）、このケースのように、通達→法規制化が迅速になされるケースも、今後とも見られるでしょう。

　これらの例からもわかるように、トータル指向的なリスクベース管理と、災害や事故事例に基づく個別物質の規制という二つの流れの中で、今後の化学物質管理は動いていくと思われます。常に最新の情報をつかんでおかないと、知らないうちに法的あるいは、道義的な責任を問われるような事態を引き起こす可能性もあるので、今後とも、注意をしてください。

第2章 化学物質管理、そんなんじゃダメですよ！

> 今までできなかったことができるようになると、ルールやしくみも進化するんですね。

> IT技術の進歩は化学物質管理の枠組みや方法にも活用されているんや。

図解 化学物質管理のこれから

```
┌─────────────┐      ┌──────────────────────┐
│ IT技術の進歩 │      │分析技術・安全性評価技術の進歩│
└──────┬──────┘      └───────────┬──────────┘
       ↓                         ↓
┌─────────────────┐      ┌─────────────────┐
│より的確なデータの蓄積、│      │より詳細な安全情報の整備│
│業界を超えた共有手法の │      │                 │
│普及              │      │                 │
└────────┬────────┘      └────────┬────────┘
         ↓                        ↓
            ╭──────────────────╮
            │  化学物質管理の進化  │
            ╰──────────────────╯
         ↑                        ↑
┌────────┴────────┐      ┌────────┴────────┐
│よりリーズナブルなリスク│      │より人体や環境への影響の│
│マネジメント手法・体制の│      │少ない物質への切り替えの│
│確立、普及         │      │進展              │
└────────┬────────┘      └────────┬────────┘
         ↑                        ↑
┌─────────────┐           ┌──────────────┐
│リスク工学の進展│           │安全な代替物質の開発│
└─────────────┘           └──────────────┘
```

★ ★ ★ 今日はここまで ★ ★ ★

GHS（Globally Harmonized System of Classification and labelling of Chemicals）のお話

　1992年のリオデジャネイロでの国連環境開発会議といえば、「持続可能な開発のための人類行動計画＝アジェンダ21」が採択された会議ですが、そのアジェンダ21の中に「化学物質の分類と表示の調和」を果たすべきことが述べられています。これを受けて、化学物質の健康有害性と環境有害性に関して、世界的に調和された判定基準で分類され、ラベル等の表示やSDSに反映させるべく2003年の国連経済社会理事会で採択されたものがGHS＝Globally Harmonized System of Classification and labelling of Chemicals）です。

　GHSとは文字通り、「**化学物質の分類および表示に関する世界的に調和されたシステム**」です。危険有害性を爆発性や腐食性などの反応性、発がん性や生殖毒性などの人体有害性、オゾン層への影響など環境有害性などに分類し、等級を規定したうえで、表示の際（日本語の場合）は、その分類と等級に応じ、「危険」、「警告」といった注意喚起語と、どくろマークなどわかりやすいシンボルマークを記載するなどの決まりがあります。このことにより、化学物質にあまり詳しくない方にも一目で危険性が伝わるようになっています。

　日本でもGHSはJIS規格（JIS Z 7253）になっていますし、危険有害性が問題にならないようなものでない限り、購入した化学薬品などのラベルでも、GHSに準拠した記載がなされているはずです。

　問題は、事業所内で容器を移し替えたり、小分けしたりして使う場合です。移し替えたり、小分けした後の状態から使う人がいる場合は、ラベル情報もちゃんと伝達できるように工夫する必要があります。そのような配慮もできて初めて、一人前の技術者と言えるのではないか、と思います。

第3章

製品・設備対応で、そんな設計じゃ、ダメですよ！

この章では、製品や設備について、法的なリスクから、法的な問題が発生した場合の罰則や事例を解説します。そして、罰せられたりすることのないように必要な知識と対応する方法など、現場の経験に基づいたアドバイスを盛り込む事で、わかりやすくお話します。

CHAPTER 3

製品・設備での設計部門の法的リスクへの対応はしっかり先行しておくことが重要や！
それで、製品・設備が出来た段階で後悔することにならないんや！

- ● 機械を作るには手続きや届出がいるモンもあるんや！‥‥
- ● 3－1．機械技術者と製品・設備との関わり
- ● 3－2．設計段階〜製造に係る法的リスク
  - 【ちょっと休憩】秘密保持契約（NDA）と不正競争防止法
- ● 3－3．設計現場での正しい法的対応
- ● 3－4．これからの製品・設備と機械設計での対応
  - 【今日はここまで】リスクマネジメント（ISO 31000）

機械を作るには手続きや届出がいるモンもあるんや!‥‥

A雄:「え、F野さん!こ、こ、今度、ふ、二人でしょ、食事に行くき、機会を作ってくれませんか?」

　意を決し、A雄はF野に声をかけた。A雄は機械設計課に配属されて以来、同じ部署の先輩であるF野に憧れていた。上司であるD川にも尊敬や憧れはある。また同じ先輩であるG田にも憧れはある。しかし女性であるF野に対する憧れは、恋愛感情にも近く、他の二人とは少々違った憧れである。

　上司であるD川に対しては、将来の理想像というよりは、まだまだA雄自身を導いてもらいたいという思いがある。12歳違いだが、現在の自分とD川があまりにも差があり過ぎて、12年後の自分がD川のようになっているというイメージがA雄には浮かばない。

　それに対し、先輩であるG田は5歳違いで、5年後という身近な目標みたいなものだ。頑張って背伸びをし続ければ、5年後にはG田のようになれる気がする。当然、まだまだG田には教えてもらうことは多くあるのだが。

> 何で俺には尊敬って言葉がないねん?

> ははは‥‥‥先輩、尊敬してますって。

F野:「いいわよ。何を作ろうかしら?」
A雄:(‥‥何を作ろう?‥‥)

　何かF野は勘違いしているようだ。しかしA雄はそれを指摘することができない。俗にいう"へたれ"なのである。A雄は昔から女性に対しては"へたれ"

なのだった。ここであまり"へたれ、へたれ"というとA雄が怒り出すかもしれないが。

F野：「A雄君は何か好き嫌いとか、アレルギーとかはあるの？」
A雄：「い、いえ、何も好き嫌いとかアレルギーとかはないです。」

　F野はA雄に好き嫌いとアレルギーを聞いてくる。A雄がいった言葉を「食事を作ってくれませんか？」と勘違いしているようだ。確かに誘い文句は噛み噛みだったことは自覚している。実際そのように聞こえたかもしれない。いまさら訂正するのもと、そう考えるA雄だった。実に"へたれ"である。こんなことだから女性を誘うこともできないのである。

F野：「私、お料理を習いに行き始めたの。新しく覚えたお料理でも食べてもらおうかなぁ。今度、お弁当に詰めて持ってくるね。」
A雄：「ははは、あ、はい。」

　A雄がG田の方を見ると、「ああ可哀そうに」と描かれた顔で、声を出さずに口を「胃薬、持参」と動かしていた。F野はA雄を新しく覚えた料理の実験台に考えているようだ。

G田：「A雄！俺への断りなしにF野を飯に誘うなんて、100年早いんや！ふん ^(∞)^=3　」
A雄：「断りなしって、いつから届出制になったんですか？」

機械によっては、作るのに届出がいるんや！

その機械じゃないです！ワザといってるでしょ！

G田：「あ、知らんのんか？機械によっては、作るのに届出がいるんや！」
A雄：「機械設備によっては、作るのに手続きや届出がいるのは知ってますよ！G田さん、痛いですって！」

　A雄はG田の両方の拳で、こめかみをグリグリされて、痛そうだ。今回のG田のグリグリは以前に比べ、少々力が入っていた。

　ちなみに計量法では、特定計量器の製造・修理・販売を行おうとするものに「届出」義務を課している。また特定計量器とは、わかりやすい例でいうと、お肉屋さんなどにある取引や証明に使用する計量器など。特定計量器を製造できる技術力があっても勝手に製造することは許されない。
　そしてお肉屋のはかりを機械設備というと違和感があるかもしれないが、数トン～数十トンの計量器、イメージしやすいものだとトラックスケールなどはまさに機械設備である。
　そのほかにも医療機器なんかも届出がいるらしい。

　届出をしたら、うちの会社でも特定計量器を作れるんですか？

　届出をしたからっていっても、特定計量器は簡単には作らしてくれへんのや！

　ようやくG田のグリグリから解放されたA雄がF野のほうを見てみると、仕事もそっちのけで料理の本を鼻歌まじりで眺めていた。そしてそんなF野を見て課長のD川は肩をすくめていた。

F野：（何を作ろうかなぁ♪♪）
D川：（頼むから仕事してくれよ）
G田：（なんか腹立つ！めっちゃ腹立つ！）
A雄：（うぅ〜G田さん、なんか怒ってる。触らぬ神に祟りなし。）

その後、A雄は何かにつけてG田からいじめられるのであった。

> それって、法に触れてますよね。罰せられますよね。

3-1 機械技術者と製品・設備との関わり

　私たちの身の回りには、建築物に設置されているエレベータなどの機械や家電製品や衣料品などの製品を生産する設備もあります。製品は、設計－検証－製造－販売－廃棄までのライフサイクルを考慮した生活向上、安全・環境への取り組みが必要です。安全・安心な良い製品を作るためには、良い設備を構築することも求められるはずですが、そうではない場合も多くあるようです。
　コストダウンのために安全装置を簡略化したり、法律の基準ぎりぎりでの設計をするなど、安全・安心とは外れていくことも多々あります。機械は、人の作業を効率化するものであり、省人化するのが目的で導入される場合が多いため、どうしてもコストメリットを追求された仕様となる傾向が強いです。

3－1－1　機械技術者と法律

(1) 法律はなぜ必要か

　機械技術者は、このように品質面、生産性を重視するばかりに、設計に際し、人が使うといった場面を十分考慮することに、少しおざなりにしてしまう場合があります。
　万が一不幸にして重大な事故が発生した場合、あなたが設計した機械による責任を問われ、罰金または懲役刑に処せられることもあるかもしれません。これは、建築・機械・電気など専門分野毎に技術基準やその適用範囲等体系化した法律が定められています。

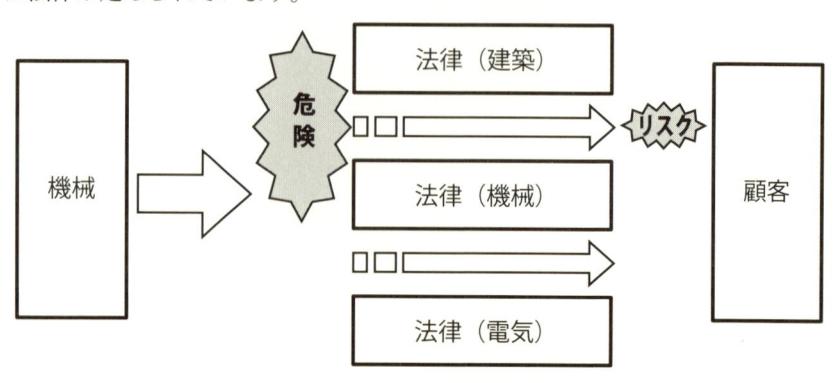

図3－1－1　機械と法律

あなたの部署や関連部署とのプロジェクトで設計・施工した製品や設備がどのような使われ方をするか、どのような設置環境になっているかを十分把握したうえでの設計・製造（施工）を行うことを義務付けるものなのです。単なる金儲け主義的に、大量に販売するだけの製品・設備で技術基準が曖昧になってしまうと、このような顧客への危険・災害を招くことになりやすく、法律で歯止めをかけることになります。

(2) 機械技術者は、罰せられる？

　ある回転扉の事故では、子供が死亡する重大なレベルでしたが、安全装置の設置が簡略化されていたために、子どもが挟まれたときに保護できない機構となっていたのです。回転ドアのセンサが誤動作することから、限定した範囲で作動するようにとどめており、子供の身長では検出できない設定になっていたようです。

　以前から何回も子供たちの怪我レベルの事故は発生していたようですが、利益優先となり根本対策を講じていなかったために、このような重大な事故にまで到達してしまったようです。

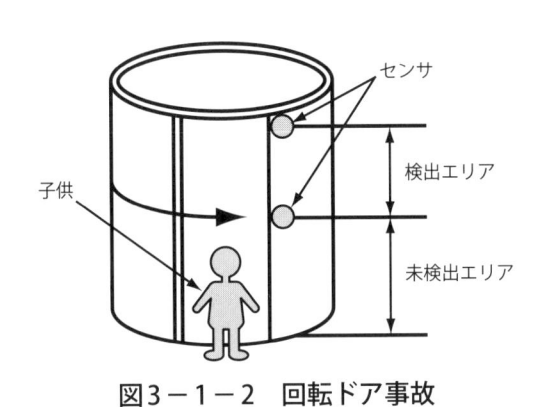

図3-1-2　回転ドア事故

　この刑事裁判での判決は、管理責任者と設計会社責任者は有罪を求められていたようですが、設計者までは罪に問われなかったようです。しかしながら、この場合、設計者は実際に不具合や事故発生の情報を得ることはできたはずですので、適切な安全対策を盛り込んだ設計変更を提案するべきであったと言えます。それをしていなかったならば、本来は罰せられることになります。

3-1-2　製品や設備設計と関連法令

(1) 法令とその手続きは、煩雑か？

製品や設備設計に対して、関連法律はどのようなものがあるでしょうか？表3-1-1に示すように種々制定されています。

日本の場合、各省の縦割り制度であり、法令も独立したものが制定されています。同じ電気設備でも経済産業省の管轄の電気事業法もあれば、消防庁の管轄の消防法があり、届出を別に行うことになり、手間がかかります。

過去の事例になりますが、消防設備の場合、太陽光発電の電気設備技術基準で規定された連系手続きを行う際にその設備が系統に接続されているため、消防庁の出先機関がその電気設備技術基準の法令を把握できていない場合に、許可に時間を要したことがあります。

製品の場合、電気機器ならば電気用品安全法や電気設備技術基準に準拠した設計を実施し、認証試験機関での試験報告書を入手し、経済産業省に届け出を行う必要があります。

表3-1-1　関係法令（届出が必要）

消防法	大気汚染法	計量法
ボイラー及び圧力容器安全規則	水質汚濁法	電気事業法
水道法	騒音規制法	電気用品安全法

(2) 製品認証は、納期がかかる？

認証試験が必要な場合、海外の認証機関へ依頼することもあり、試験報告書が入手できるまで一定の時間を要することや試験で不合格が生じる場合があるので、設計工程での工数として余裕を見ておくことが必要です。製品の製造、販売ができなくなることにつながる場合もありますので、要注意です。

認証を受けた後に製品工場の監査があり、認証機関から指定された日に実施され、製品が規定通りの生産、検査をされているかの工場監査を受け、適合していない場合は指摘されることになります。

なお、届け出をせずに製造、販売をしていることが発覚すると、罰金または懲役刑を受けることが法令に記されています。

もちろん技術基準に適合しているかの自主検査が必要ですが、この検査を怠っていると、問題が発生したときには、当然処罰されることになります。

PSEマークやJETなどのマークは、**表3－1－2**に示すものです。

表3－1－2　認証機関と検査内容（一例）

機関名	対象検査（抜粋）	マーク
JET	電気用品安全法（PSE） JISマーク制度に基づく製品認証 電波法：技術基準適合証明	PSE JIS 技適マーク
TUV　JAPAN	製品安全試験・認証 機能安全認証	CE SG、PSE IEC/EN
JQA	ISO認証 JISマーク制度に基づく製品認証 電気用品安全法	JQA
UL　JAPAN	製品安全試験・認証	UL

(3) 労働安全衛生の届出も大事！

一方、設備設計では、労働安全衛生法により、機械設置の事前届け出が義務付けられており、各都道府県の所轄労働基準監督署へ届出が必要となります。機械設備では、有機溶剤使用時の局所排気設備やプレス機械、ボイラー、圧力容器などが対象となります。

これらは、労働安全衛生法第88条に規定されており、工事開始の30日前までに届け出が義務付けられています。これらの機械についての技術基準について、コンベアや産業ロボットも定められています。

設備での関連法令としては、騒音規制法や水質汚濁防止法、大気汚染防止法などがありますが、これらについては自主検査の領域であり、内部でのチェックを計画し、関連部署での確認がなされるのが一般的です。

機械の安全についてのISO12100が、EC機械指令から発した一般安全原則となります。この中でリスクアセスメントなどの規定も定められており、安全

対策の設計においては、関連規格を参照し、社内の安全規格との整合も確認しておくことも必要です。

3－1－3　ISOと製品・設備設計プロセス

(1) ISOでは、法令軽視になりがち？

　ISO9001は、品質向上の追求が主目的のマネジメントシステムですが、法令に準拠しているかのチェックを盛り込むことも必要です。

　システムを取り入れたとしてもDR（デザインレビュー）は、製品の品質や安全性を高いレベルにするために関係部署で企画段階から設計時点や生産導入時点に至る際のチェックポイント（関所）を設けて検証するシステムなので、法令関係についてはせいぜい確認程度にとどまり、あまり深く追求することがないのが現状と言えます。

　これでは、法令違反に気づかずに設計、開発を進めることになり、生産してからの修正対応が必要になり納期に影響が出てしまうことになります。

　ISOは、品質だけでなく環境（ISO14001）、エネルギー（ISO 50001）、安全（OHSAS 18001）に対し、向上に向けた改善の取り組みでPDCAサイクルを回すシステムですので、法令に対する取り組みについてもISOで文書化し、PDCAを回すことは可能でしょう。そのためにも、設計する製品や設備に関連する法令について調査し、その法令に規定される項目がないか、または規定される法令が不明でないかなど設計時点で把握しておくことです。

(2) 法令対応の検証スケジュールは大事！

　技術の規格がされている製品の場合、認証機関での技術検証を受ける必要も出てきます。したがってその日程を盛り込んだスケジュールの立案は必須です。認証については、分野により試験機関も限られてきますので混雑する場合もあり、テストレポートを入手できる期限にも変動があり、生産開始時期との連携をとることが重要です。

　認証機関への対応としては、費用について見積りをとるなどの事前準備も必要になります。また、全てのテストが1機関でできない場合もあり、テストサンプルの作成も時間を要することになります。自社でも試験サンプルを事前に検証することも必要ですので、DR（デザインレビュー）に向けたスケジュールの調整は重要であり、余裕のあるものにしておくことが必要です。

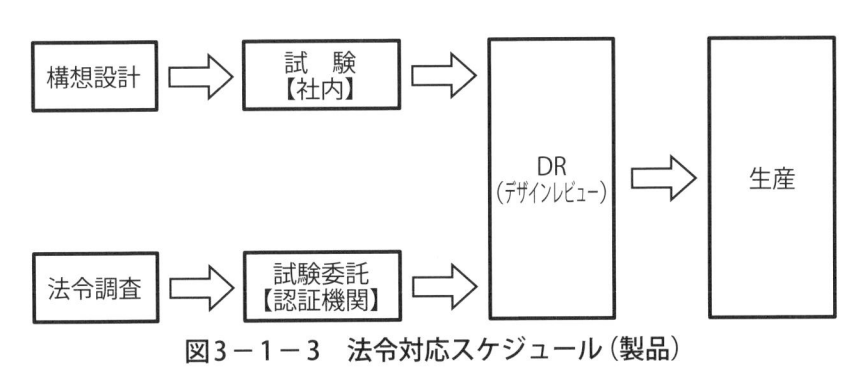

図3−1−3　法令対応スケジュール（製品）

　一方、設備の場合は、設置前に地方の行政機関への届け出になりますが、出先行政機関との日程調整が事前に必要な場合がありますので、早めの対応が必要です。

　これらの手続きについても、ISOの製品実現のプロセスで、各種規定に明確なフローを盛り込み、チェック漏れがないように文書化し、継続的な改善が出来るようにしていくとよいです。

図解 機械技術者と製品・設備との関わり

法令 → 機械・電気の危険から顧客を守る

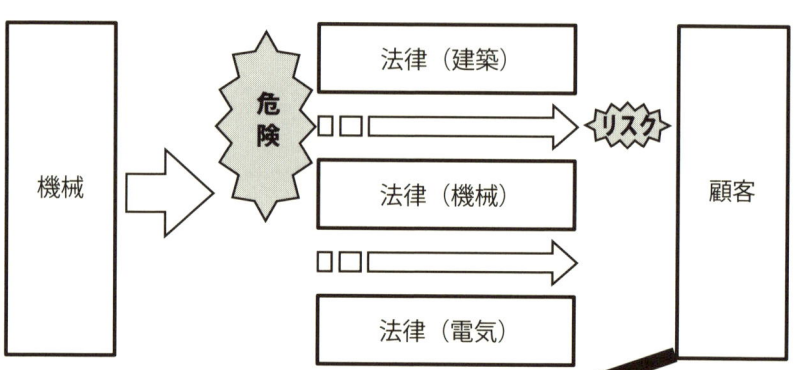

機械 → 危険 → 法律（建築）／法律（機械）／法律（電気） → リスク → 顧客

事故発生 → 機械技術者：法律で罰せられることもある

消防法	大気汚染防止法	計量法
ボイラー及び圧力容器安全規則	水質汚濁防止法	電気事業法
水道法	騒音規制法	電気用品安全法

機械技術者 →
・法令との関わりを知ること！
・法令対応

3-2 設計段階〜製造に係る法的リスク

　前節で説明したように、機械技術者が法律に関わる業務を背負っていることを実感できたでしょうか。昨今では、業務多忙な中、企業内では利益優先、納期優先のため、綺麗ごとを言ってられないという風潮がはびこらないとも限りません。報道等でご存知の通り、過去にも企業ぐるみで、データ捏造などによる重大な事故が数多く明るみに出ていることは他人ごとではありません。

3-2-1　設計での仕様の曖昧さは、違法行為につながる？

（1）設計、製造のプロセスでの盲点？

　機械技術者の皆さんは、設計段階で何を重視していますか？設計段階では、製品の場合、市場マーケティング分析からの顧客志向を把握し、自社の強み、弱みの分析としてSWOT分析などを実施し、設計部門への要求仕様を提示することで製品の企画が決まるのが一般的です。

　設計部門では、要求仕様をもとに設計仕様の具体化を行い、構想設計を展開します。設計部署でのブレーンストーミングや過去の資料を元にプロトタイプの設計、試作を進めていくことになります。

　しかしながら、モノづくりにおいては、仕様が必ずしも明確になってから始まるとはかぎりません。最近のように、グローバル化で円高から円安への急激な変動がいつ発生するかわからない変化の激しい環境では、見切り発車も多々あると思います。通常、製品仕様について、関連部署での検討を踏まえ、課題を抽出し、問題の対策案を協議した上でスタートを切るのは時間がかかります。あなたの部署でも、曖昧な部分を残したままのモノづくりを進めることが多くなっていませんか？

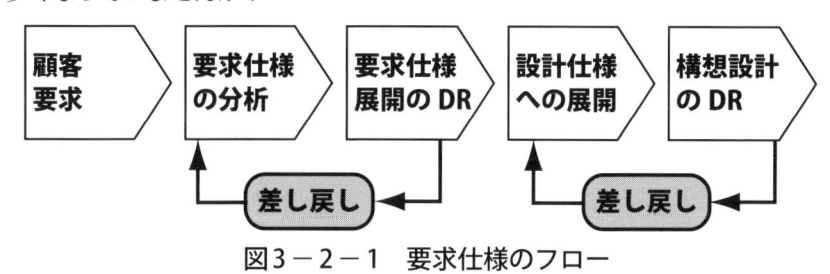

図3-2-1　要求仕様のフロー

曖昧な仕様のまま、モノづくりを進めると製造段階での不具合の発生も増加するリスクが高まり、最終顧客での使用段階での不具合発生にもつながることになります。

過去の例では、子供用の自転車で、ペダルを漕ぎそれを車輪に伝達するチェーン部分にカバーを付けずに販売されたものがありましたが、不幸にも指を挟まれる事故が発生しています。

製造物責任法（PL法）では欠陥とは、当該製造物の特性、その通常予見される使用形態、その製造業者等が当該製造物を引き渡した時期、その他の事情を考慮して、当該製造物が通常有すべき安全性を欠いていることを言います。

つまり、①設計上の欠陥②構造上の欠陥③指示・警告上の欠陥の3つに分類されます。

この場合は、子供が指を入れるような使い方を想定できなかったとは言えないことは明白です。カバーがないことで、指を挟む危険性のあることを警告、表示をする対応がなされていたのかが問題となります。やはり、製品企画段階～設計段階で十分なリスクアセスメントの検討がなされずに設計を進めた場合に、このような事故につながりやすいと言えます。

また、製造段階や販売段階でこのリスクに気づいたとしても、改善の対応をとるシステムが機能することがなかったのでしょう。苦渋の選択ですが、自主回収もコスト面で踏み切れないといった事情があったと思われます。

やはり、仕様について曖昧な部分がある場合や環境変化による仕様の見直しなどは、構想段階に入るまでにタイムリーに最善を尽くして対応しなければならないのです。モノづくりでは、上流設計段階でいかに作り込む事が重要であるかを認識し、かつシステムに組み込むことができるかで下流への影響を最小限に留めることにつながるのです。

図3－2－2　製造物責任法（PL法）での欠陥のリスク

(2) 機械の規格：JIS、製品認証、機械安全への取り組みは？

　設計段階では、要求仕様に基づき設計、試作を進めますが使用する材料、構造についての検証が必要です。もちろん実績がある材料や機構については採用しても問題発生のリスクは少ないでしょうが、新規材料や新規の機構については耐久試験や動作確認を計画していくことになります。

　材料の試験では、JIS規格やIEC、ULなどの国別の規格が定められており、それらに基づく認証項目、基準制度が定められており、各種試験をクリアすることが必要です。
　屋外で使用する製品の場合、環境温度や紫外線、酸性雨などの様々な負荷を与える因子が降り注ぐため、構成材料の環境試験は非常に重要です。電気製品であれば、絶縁材料が劣化すると感電するリスクも発生します。そのためISOなどの規格で必要な試験が定められており、テストリポートの合格を持って官公庁へ届け出ることになります。

　これを怠ると、罰則を受けることになりかねないです。信頼性の確認では、使用される環境条件を明確にすることが必要です。規格では、明確に定義され、信頼性試験において環境試験項目では、温度範囲、湿度範囲、サイクル数が規定されています。
　環境試験は、恒温槽等を使用して実施しますが、サンプルの管理はもとより、試験装置の保守をしっかりしなければ、突然故障したためにせっかくの試験が途中で中断され、最初からやり直しになる場合があります。
　また、サンプルを入れるスペースが十分取れず、試験槽に詰め込んだために、雰囲気温度などの条件が偏った試験になる場合もあります。
　一方、設備の場合は、やはり安全規格を参照し、労働安全衛生法に基づいた設計を進めなければなりません。

　機械安全法令としてISO12001では、リスクアセスメントの対応として、リスクの把握をし、分析、リスクの低減結果をリスト化する必要があります。
　図3－2－3の機械安全の規格体系と基本的な安全設計についても参照下さい。

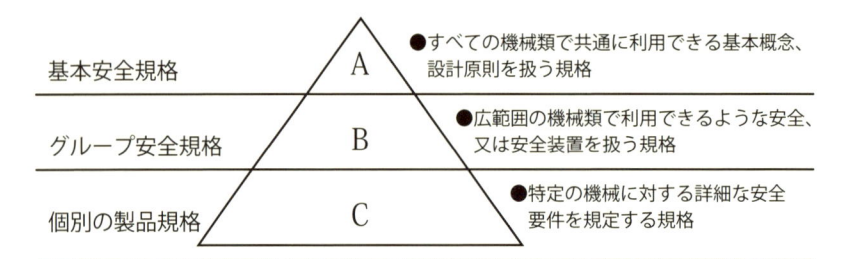

```
          ╱ ╲
         ╱ A ╲     ●すべての機械類で共通に利用できる基本概念、
基本安全規格 ╱─────╲      設計原則を扱う規格
       ╱   B   ╲   ●広範囲の機械類で利用できるような安全、
グループ安全規格╱─────────╲     又は安全装置を扱う規格
     ╱     C     ╲ ●特定の機械に対する詳細な安全
個別の製品規格 ╱─────────────╲    要件を規定する規格
```

安全設計のフロー
1 機械の使用状況、限度、範囲を確定。（機械寿命や予測できる誤使用・誤操作想定含む） 2 危険源、状態を想定し、リスクアセスメントを実施する。 3 本質安全設計による危険の除去、またはリスクの低減を図る。 4 残存のリスクに対しては、防護ガードや安全装置（機能）などの危険防護を設置する。 5 最後まで残るリスクは、すべて使用者に情報提供と警告表示をする。

図3－2－3　機械安全規格体系と安全設計

　機械は、指示された動作をし続けることから、便利で効率的である反面、人の操作しだいで非常に危険な機械になるものです。従って、想定される行動によって、発生するであろう危険を予見した設計が求められます。
　安全規格では、このような危険源から隔離、誤動作防止、作業負荷低減をカテゴリー別に体系化して文書化されています。

　製造現場では、効率化が求められるため、このような安全確保について簡略化される傾向が見受けられます。あってはならないこととしては、作業性が悪化するために、プレス機などで安全確保に必要なエリアセンサをキャンセルすることが考えられます。このような場合、事故につながる可能性が非常に高いです。やはり、法律に定められている（社会のルール）ことを守れない現場は、（経費を節減で）一時的には利益を上げることはできるかもしれませんが、ついには事故を招き、良い製品を生み出すこともできないし、社会から淘汰されることになりかねません。

3－2－2　製品・設備導入時点での不具合、事故の想定

(1) 設備の施工管理は、人の管理？

　生産に向け設備の導入、試運転など生産納期が厳しい中、時間に追われるこ

とが多いことでしょう。このようなときには、機械の安全確保をしっかりと推進することが求められます。設備導入では、社内の関係部署を始め設備ベンダー、建築ベンダー、ユーティリティベンダーなど多くの人達が関わる一大プロジェクトになります。

　日々の進捗管理、安全管理については、毎日のコミュニケーションが需要ですが、その仕組みを明確にしておくことも非常に重要です。

　トラブル対応の場合、この仕組みが分かりにくいことにより、対応が後手にまわり、さらなるトラブルの発生を招くことが多々あります。たとえば些細なことですが、配線の接続ミスにより、三相交流系統の配線の入れ違いにより、工事のやり直しが発生し、設備の試運転の開始が遅れて、工程に影響が出る場合があります。

　設備の調整で最も危険な事例は、一時的に安全装置を外して調整を実施している場合が考えられます。ベンダーサイドでの設備調整では、設備内での機器調整の場合、内部にアクセスするために、安全装置をスキップさせる必要があります。作業時に十分な安全への配慮がないと、アクチュエータ、プレス機器の誤動作により、体を挟まれたりする可能性があります。

　このような事故の想定を考慮した、工事計画書での確認、安全教育や朝礼での注意喚起などを省略すると非常に危険であり、あなたが責任者ならば、事故発生時には矢面に立たされるリスクがあります。

(2) 加工品の不具合、納期遅れ、コスト

　図面ミスにより、意図した設計が成り立たず、動作不良が発生し、不具合を発生させることがあります。これは、ヒューマンエラーです。図面については、昨今3DCADが多く使われ、部品図レベルの2次元図面チェックが甘くなっているのが現状です。3DCADは、立体的であり、可視化されているので、完成度が高く見えて、組立時の動作等に問題ないと錯覚する場合があります。実際に動作させて、初めて設計ミスに気づくことが、多々あります。

　特に、設備導入時点で不具合が発生し、改造対応する場合に設計ミスが発生しやすいです。図面変更を行う際、動的な機構の場合に、干渉チェックや材料の強度チェックなどが漏れて、折角の改善がさらに不具合を招くこともあります。

(3) 設備の不具合対応

　設備では、試運転の段階での検証不足により不具合が発生することは、通常でも多々あります。要求仕様時に曖昧な部分があったことにより、動作条件が異なっていたり、材料のばらつきによる影響も発生したりすることになります。生産品の場合は、概ね検査で判定され不具合処理されますが、潜在している欠陥がある場合は、市場で発覚する場合も起こりえます。

　最終製品を生産するまでに、このような動作不良は解決しておかないと、大量に生産する段階での再調整には、多大時間と労力が必要となります。また、生産を中断して調整を行う場合は、生産障害を伴うので設備ベンダーへの損害を請求される場合も想定しておかねばなりません。

> 機械技術者は、仕様決めで不具合を見逃しがちですね！

> 法的リスクをしっかりチェックするシステムが必要なんや！

3－2－3　顧客での不具合事例と事後処理

(1) 顧客使用時点での事故事例：

　実際に発生している事故は非常に多く、学ぶべきことは多いです。やはり、設計時点で想定しておけば未然に防げていた事例や、設置の際の注意点を顧客や工事業者又は管理者へ伝えきれていないことが引き金になっていることが目につきます。飛行機や自動車では、フェールセーフやフールプルーフ、フォールトトレランスの安全機能を取り入れているように、身近な機械製品でも安全対応が不足すれば、事故を招きやすくなります。

PL法では、顧客側から不具合要因を示すことが求められますが、複雑な機械の場合、検証に労力がかかりますので、泣き寝入りになるケースもあると考えます。少なくとも、顧客の立場に立って、設計を進めることが技術者の責任です。**表3－2－1**に最近までに発生した事故事例をリストアップしてみました。なかなか撲滅できずに繰り返しているように思います。

表3－2－1　事故事例と罰則

事故事例	事故要因（想定）	罰則等
エレベータ事故（死亡事故）	扉開放状態で走行、2重ブレーキ無し	検察庁により、業務上過失致死罪で起訴：メーカー保守責任者、メンテナンス会社責任者
回転ドア事故（死亡事故）	安全装置の検知範囲を狭めることで、子供が扉に挟まっても制動しなかった。	東京地方裁判所より、製造者、ビル管理会社に業務上過失致死罪の判決
シュレッダー事故（指切断）	シュレッダー入口開口部での安全対策不備	経済産業省のよる注意喚起　平成21年消費者安全法改正法が施行
石油温風ファンヒータCO中毒	FF式石油暖房器で、給気管つまりで、不完全燃焼状態となり、COが部屋に漏れたため。	2007年11月消費者安全法改正あり。9品目に点検義務付け追加。

(2) 事後処理になりがちな事故対策

　過去の事例からわかるように、製品や設備の不具合により、事故が発生し、法的規制が強化されています。法的な拘束があるにもかかわらず、それすら守らない場合は論外ですが、設備不具合や製品の劣化などによる使用者への大きなリスクを想定し、そのリスク低減するという姿勢を持てない企業が多く見受けられます。少なくとも、顧客へのコミュニケーション、注意喚起の取組みといった一歩踏み出した対応があれば、事故が防げた事例も数多くあると思います。

　また、行政機関からは、リコールなどの情報について、インターネット上で日常的に広報されており、又、事故調査報告も公表するシステムとなっています。しかし、その件数が多いことや、消費者の申告がなければ対応しないといった盲点もあります。結果としてその回収、修理対応にとどまり、何故発生したかの要因分析が見えない状況であります。このような状況では、メーカーサイドでの再発防止に向けた改善が困難であることは否定できないと言えます。

図解 設計段階〜製造に係る 法的リスク

■ 設計での仕様の曖昧さは、違法行為につながる？

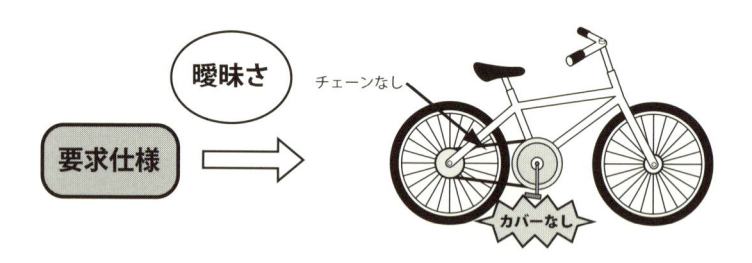

要求仕様 → 曖昧さ → (自転車：チェーンなし／カバーなし)

■ 製品・設備　導入時点での不具合、事故の想定

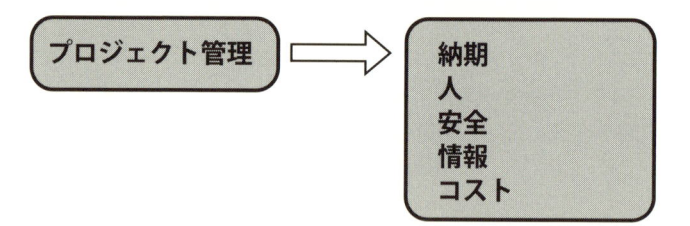

プロジェクト管理 → 納期／人／安全／情報／コスト

■ 顧客での不具合事例と事後処理

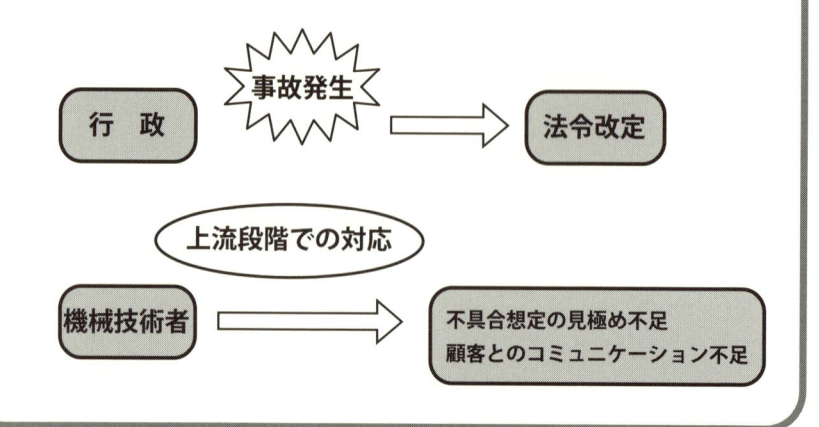

行　政 → 事故発生 → 法令改定

上流段階での対応

機械技術者 → 不具合想定の見極め不足／顧客とのコミュニケーション不足

> **ちょっと休憩** 秘密保持契約（NDA）と不正競争防止法

技術開発では、機械メーカーや材料メーカーと相互に秘密情報を第三社へ開示しないようにすることで、同業他社への漏洩等を防ぎ、特許情報の先行登録や先行者利益を確保するために、秘密保持契約は必須です。ただし、この秘密情報の範囲を広げすぎても、未来の事業活動に縛りが出る場合も想定されるので、吟味が必要です。

秘密保持契約（Non-disclosure agreement、略称：NDA）とは、ある取引を行う際などに、法人間で締結する、営業秘密や個人情報など業務に関して知った秘密を第三者（当該取引に関連する関連会社や弁護士、公認会計士などを除外することが多い。）に開示しないとする契約です。企業秘密に関しては、不正競争防止法二条1項四号、十一条に定められています。

なお、企業情報が秘密情報として、認められる要件は、以下を満足する必要があります。

（不正競争防止法二条六項）
- 秘密情報として管理されていること。
- 事業活動に有用な技術上の情報であること。
- 当該情報が不特定の者に知られていないこと。

そして、上記の条件に該当する秘密情報は、法律上で以下の請求ができるように保護されています。

◇営業秘密の不正取得・使用・開示行為に対する民事上の請求
営業秘密への侵害の停止、予防、そのために必要な措置をとることができます（侵害される「おそれ」がある場合も含む）。例）営業秘密であるデータの使用禁止、営業秘密を用いた製品の廃棄、製造装置の破却等。
損害賠償を請求できます。
◇営業秘密侵害罪に対する刑事上の請求
「不正の利益を得る目的」又は「営業秘密の保有者に損害を与える目的」で行った営業秘密の不正取得・領得・不正使用・不正開示のうちの一定の行為 → 10年以下の懲役又は1000万円以下の罰金（又はその両方）。

3-3 設計現場での正しい法的対応

　機械技術者は、1企業の社員（又はある組織の一員）ではありますが、もっと重要な立場としては、製品を使用する顧客の安全確保を任せられている国家の技術者であります。従って、モノづくりにおける各種場面で法的な規定を逸脱するような、またはリスクを内在しているグレーな状況に出くわすことがありますが、その場面では、国家の1技術者としてリスクへの対応を図れるようにしていくことが重要です。

3-3-1　正しい法規制と過去事例を知ることが大事

(1) 法規制を知ること

　3-1節でも説明しましたが、機械の製品、設備に関する法的規制は、基本的には届け出制となっており、問題が発覚しなければ法を無視した製品、設備が市場に出る可能性があります。不幸にも事故が発生した場合は、製品事故であれば、消費生活用製品安全法による対応となります。この場合は、重大事故発生時の発生から、公表、罰則にいたるまで、図3-3-1に示すフローを経ることになります。

　法的規制については、各省庁のHPでチェックできますし、各業界団体では把握しているわけですから、資料入手など情報は簡単に得られるはずです。とはいえ事務処理的に対応してしまうと、抜けが生じるなどの問題が起こることもあります。法的規制については、その必要性を認識するためにも、定例的に研修会を開催したりすることで、継続的に意識向上を図ることが大事です。

　また、海外も含め規格については、改訂の頻度は、従来分野では、それほどでもないですが、新規分野では定常的に改定されることが多いので、業界の関係委員会での最新情報を入手し、把握することも必要です。海外規格の場合、認証の試験期間に日数を要することから、規格改訂による試験内容変更が発生し、納期面で影響があるからです。

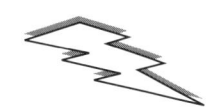

重大製品事故発生

重大製品事故の要件
・定義：消費者生活用製品安全法　第2条第6項、「重大製品事故」の定義
・要件：消費生活用製品安全法　施行令第5条条）
　死亡、一酸化炭素中毒、負傷又は疾病（治療に要する期間が30日以上）、火災

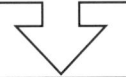

製造事業者・輸入業者　事故報告義務
法第35条第1項　→内閣総理大臣への報告等
・消費者生活用製品の名称、機種、形式
・重大製品事故の内容、製造・輸入・販売数量他

事業者の責務
消費者への情報提供
(法第34条1項)

所定様式で、重大製品事故を知った日を含め10日以内
（重大事故報告等に関する内閣府令第3条）

内閣総理大臣による公表（1週間以内） 法第36条1項
経済産業省に協議前提　：法第36条2項
必要に応じ、消費生活用製品の安全性に関する調査、技術上調査の実施　法第36条3項

製造事業者・輸入業者の責務 法第38条第1項, 2項、3項
事故発生の原因に関する調査実施、危害の発生及び拡大を防止するため必要があると認められるときは、製品回収及びその他の処置を取るように努める。

内閣総理大臣による命令
・製造又は輸入業者に対し、報告の徴収を行う。法第40条第3項
・未報告又は虚偽報告にたいして、事業者に体制整備命令を発動する。法第37条第1項
・立ち入り検査の実施。法第41条

経済産業大臣による命令（危害防止命令）
法第37条第3項、法第39条第1項、法第40条第1項、法第41条
製造、輸入、及び販売業者等に対し、報告の徴収、立ち入り検査を行い、危害の発生及び拡大を防止するため特に必要があると認められるときは、製品回収等の危害防止命令を発動する。

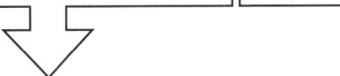

罰則：上記の報告義務、責務他など、法に定める規定に違反した場合は、以下の罰則がある。
・一年以下の懲役若しくは百万円以下の罰金に処し、又はこれを併科する。（第五十八条第六十条）
・三十万円以下の罰金に処する。第五十九条第六十一条

図3−3−1　消費生活用製品安全法の事故発生時のフロー（概要）

第3章　製品・設備対応で、そんな設計じゃ、ダメですよ！

(2) 他業種の事故事例の把握

過去事例については、消費者庁、国土交通省、経済産業省などのHPで閲覧可能です。消費者庁の事例については、原因調査中の案件も多く不具合対応ができていないか、もしくは企業側が責任を回避しているなどで危険が潜在したままになっているケースも考えられます。

失敗事例としては、畑村洋太郎（畑村創造工学研究所）氏らにより、失敗知識についてデータベース化されている資料がWEB上に公開されており、過去の事例と想定原因がまとめられています。これらの情報を活用し、自分自身で、設計対象での不具合想定を検討する際にチェックすることが役に立ちます。（アドレスは執筆時点のものです。）

HP: http://www.sozogaku.com/hatamura/

3-3-2 設計時点での仕様の詰め、変化対応能力育成

(1) 要求仕様の変更対応で罰せられないように

設計部門では、要求仕様についての変更や設計検証で仕様を満たすことができず変更になる場合が多々あります。このような場合、構造変更や材料変更に伴い、設備であれば、干渉チェックやプロセスの見直し、ソフト変更などが必要になります。製品の場合は、環境性能などの試験の見直しや構造変更などが必要になります。納期に時間に余裕がある場合はよいですが、昨今の厳しい競争環境では、市場への投入時期の変更や顧客への提供時期の遅延はなかなか許される状況ではありません。

こんなときには、通常通りの検証方法や製造方法では納期を守ることができないため、クリティカルパス（最短の日程でできるプロセス）を無視した工程を組むことになりかねません。

このような取り組みのときには、法律違反を犯す可能性が高まります。信頼性の試験について、サイクル数を短縮して判断することや、強度不足の機構でも初期性能をギリギリ満たすレベルで突き進むなど、やろうと思えば、どんな方法も考えられます。まずは、「のどもとすぎれば、熱さを忘れる」のが人間ですから、このような危険な取り組みに傾くことが多々あると思われます。

このような場合、組織が大きくなるとそれぞれのセクショナリズムが強いこ

とから、表面化すると都合が悪いことを隠す傾向があります。しかし、過去に偽装問題（自動車業界、電機業界）で企業が社会の信頼を失ったように、必ず法的に、もしくは社会的に罰せられるのです。

(2) 変化対応能力の育成

仕様の変更や設計変更では、しっかりとルールを守った対応を行い、社会への信頼を得るためにも変化対応能力を養う必要があります。

個人レベルでも組織でも、このようなリスクが顕在化した場合にどう対応するかをあらかじめ想定して、チェックリストなどでマニュアル化するか、システム化しておくことが必要です。

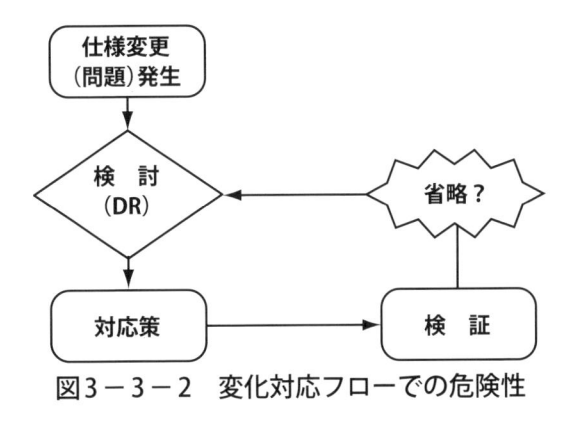

図3－3－2　変化対応フローでの危険性

変更が発生した場合、まずはどういう影響があるか体系的に分析し、対応策を考案、その案が妥当であるかを検証し、その結果をもとに実施するかを決定するプロセスを経ることが重要です。

また、DRなどで、検証結果の判定においても、客観的な判断が必要であるにもかかわらず、声の大きい側に巻かれ、安易な判定になりがちです。安全性など不具合につながる恐れのある事象については、十分な検討をもって対応することが重要です。このためにも、正しい法的知識を持つことはもちろん、検証のレベルの向上、客観的な判断ができる立場の人材の育成が必要です。

3－3－3　製品・設備導入時点での検証を怠るな！

(1) 規格・認証対応の取り組み

設計段階では、製品や設備での規格への適合を検証、確認することが重要で

す。まずは、顧客の地域（国）を把握し、国際規格や国の法律を調査し、関わるものをリストアップすることが必要です。

　ISOやIECの規格は、WEBや書店から購入が必要です。ただしこれらは基本的に英語版であり、JISへの読み替え版があるもののみ日本語版があります。従って、規格の把握には、皆さんの英語力スキルアップも必要になります。

　設計段階で法的リスク対応を考えるために下記チェックリストを参考にして、構想設計～実施設計の工程で是非時間を作り、整理しておくことが大事です。

表3－3－1　チェックリスト

	認証規格A	認証規格B	法令A	法令B
試験内容	信頼性試験1	信頼性試験2	確認	確認
	強度試験	電気試験	確認	確認
届出機関			○△省	○△省
納期（日）	△月□日	未定	－	－
試験コスト（見積り）	依頼中	未	－	－

(2) 他部門等でのチェック　～品質保証部門の役割～

　設計部門が検証した結果について、第3者的にチェックすることが非常に重要です。顧客の視点で不具合の発生の想定を行い、使用上での事故の潜在性をチェックするなど多面的に検証する立場としては、品質保証部門があり、かつ権限を持つべき部門です。

　品質保証部門は、日々顧客からのクレーム情報も蓄積しているため、問題となるような項目についての想像力は大きいはずです。設計部門では、とかくメリットを強調する傾向が強いのが通常ですので、デメリットについては、気づきにくいものです。法的規制についてのレポートのチェックはもちろんですが、潜在している不具合の芽を摘み取ることができるのは、この部門であり、その機能を果たさないのであれば、市場での問題が発生し、部門に課せられている品質ロス低減のミッションも未達成となります。多かれ少なかれ、この機能を有する会社が多数であるはずです。

　現状では、やはりこの部門でのチェック力の低さが問題であると思われます。製品生産時での検査不良品についても、発生率的な判断基準で判定してい

る限り、少数の発生でも影響が大きい事例についての対策、対応が抜けてしまう可能性があります。結局、市場での不具合は撲滅できず、同じ事故、不具合を繰り返すことになるのです。

(3) 設計へのフィードバックのための視点

　品質保証部門からチェックを受けることで、検証基準の見直しをすることが重要です。ただし、あくまでもコスト度外視や納期度外視までしての基準見直しは、企業としては困難な取り組みとなるでしょう。設計部門としてできる限りの妙案を叩き出すことが求められます。最終的には、リスクの影響度と発生確率から、対応の決定を選択することにはなります。

　しかしながら、忘れてはならないのは、科学技術を活用した製品にとっては、社会での利便性を提供することが目的であり、人類の生命を脅かすことに繋がるものは、世に出してはならないのです。原子力発電所事故については、制御できないシステムを社会に提供していくことになった、最も大きな事例とも言えます。

　運転状態を抑制するシステムを持たせずに運転していたことは、技術者としては言い訳ができないと思います。たとえ、地震による津波が想定外であったとしても、そのリスクの影響度は社会活動を停止させるレベルであることは、想定できたと思われます。設計時点で、FMEA等の実施で想定できたと思われるこのケースで、どのような結論を出したのか、失敗事例として再考が必要でしょう。この場合のリスクの回避、低減は、設計時点での絶対条件ではないでしょうか。

(4) 顧客とのコミュニケーション、注意喚起は積極的に！

　設計時点では、顧客での使用環境、実態を深く知らずに自分中心の都合の良い判断で、想定しない使い方は仕様範囲外と割り切って考えることが多いと思われます。しかしながら、顧客の観点で実際に使用する状況を想像した上で、設計した製品や設備に関する取扱い説明、注意表示なども充実させることが重要です。顧客の勝手な使い方で不具合が発生したり、事故が発生したとしても、製造物責任法（PL法）での訴求対象に該当しないでしょうが、企業としては、そのようなポカミスについても、想定は必要ではないかと考えます。

　何故ならば、そのような細かい配慮ができることで、企業価値を高めることにつながり、社会からの信用も高まり、製品への情報も多く集まり、顧客との

良好な双方向のコミュニケーションが確立できるからです。このような良いサイクルを構築することで、企業側の製品開発でのアイデアの源泉も増え、顧客のレベルもアップすることで誤使用が低減でき、無駄な機能を省略することでコストダウンを可能とできるなど、好循環が生まれるのです。

機械技術者は、変化対応能力が必要ですね！

顧客とコミュニケーションも忘れてはあかんのじゃ！

図解 設計段階での正しい法的対応

- 法令 ⇔ 過去事故事例の把握
- → 設計へのフィールドバック

要求仕様変更でのリスク対応

仕様変更（問題）発生
↓
検討（DR） ← 省略？
↓
対応策 → 検証

変化対応フローでの危険性

機械技術者 → 正しい法令知識／変化対応能力向上／失敗のフィードバック

コミュニケーション

顧客

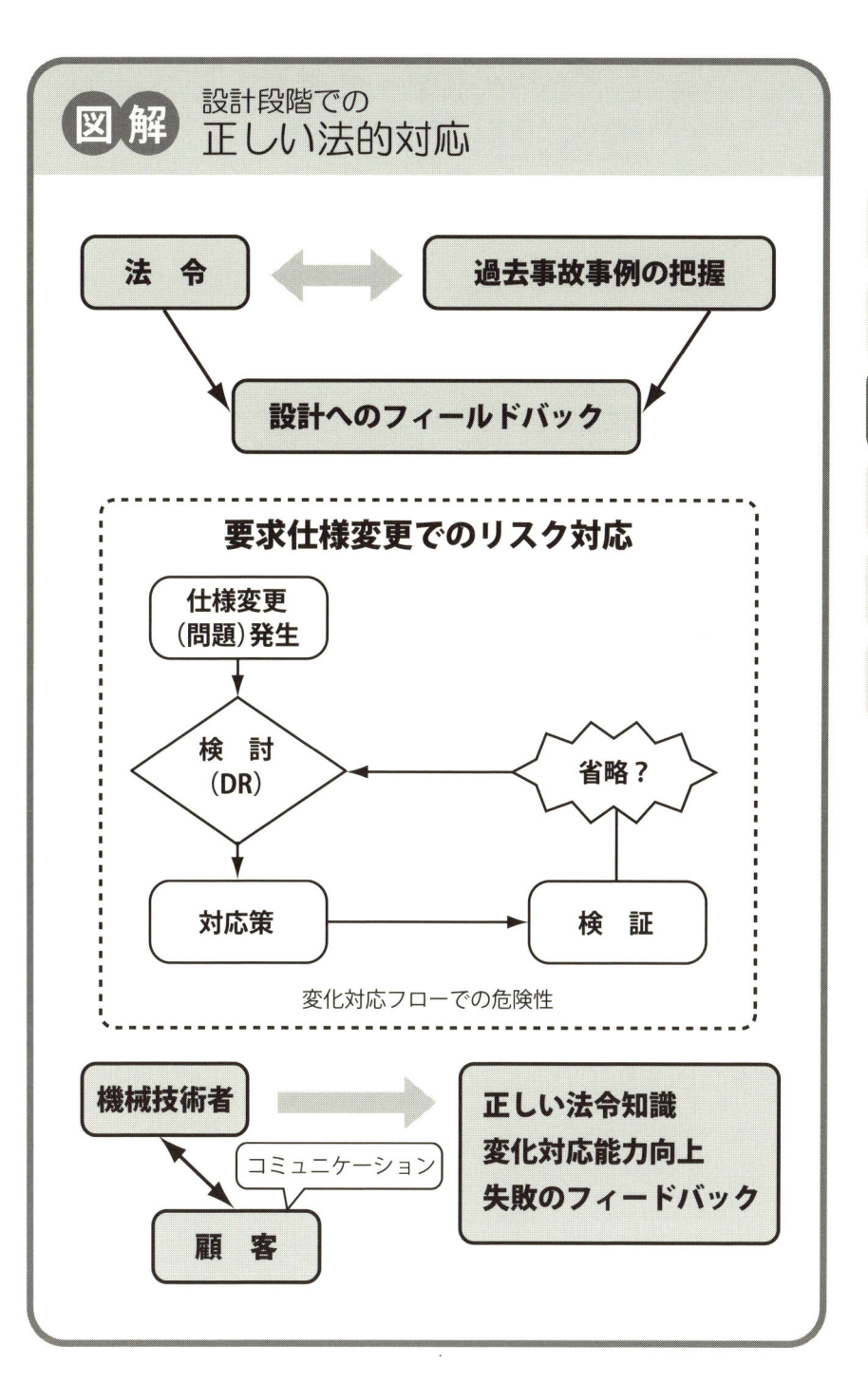

3-4 これからの製品・設備と機械設計での対応

　3-3までは、法的リスクを回避し、罰せられないための対応を述べてきました。ここでは、製品、設備の設計で、重大事故につながらないまでも、不具合発生や失敗の場合にどう対処するのがよいかを考えていきます。

3-4-1　失敗要因の分析

(1) 自分の業務経歴のまとめ

　あなたは、今まで機械技術者として、色々な製品・設備を世に出す仕事を経験してきていることと思います。中には入社まもなくであまり経験がないという方もいるかもしれません。

　今、振り返ってみて、どんな仕事をしてきたのかを思い浮かべてください。転職などを考えた人は、職務経歴を作成することで、過去の仕事を振り返る機会はあったでしょう。転職を考えていなくても、一度職務経歴書を作成してみてください。しかし、ここでお話することは、転職のための職務経歴書ではありません。現在よりもさらに技術力を向上させるための経歴書です。

　成功したことは思い出せるが、失敗したことは忘れているかもしれません。しかし、成功体験よりも失敗体験を振り返ってリストにまとめることが重要です。失敗といっても、最終的には業務として完了しているはずです。その業務の中で「やっておけばよかった」とか「何故できなかったか」などの後悔しているようなことを書き出してください。

表3-4-1　自分業務経歴書

業務	担当	失敗事例	後悔
△○搬送設備設計	コンベア装置	位置決め機構	リンク形状が、交換しにくい機構であった。
＊＊スマートフォン設計	機構設計	防水機構	ガスケットの挿入方法が・・・・
充電機器設計	機構設計	耐衝撃性能	クッション機構での・・・・

このようなリストを作成することで過去の事例を振り返り、新規テーマでの課題、問題への対処に役に立つはずです。あまり思い出したくないこともあるかも知れませんが、同じ失敗を繰り返さないためにも、重要です。

　ご存知の方もおられるかもしれませんが、国家資格である技術士の第二次試験では、業務経歴を提出しなければなりません。そして過去の業務における技術的な課題解決の内容が技術士にふさわしいかを口頭試験で試されます。業務経歴書を作成することが技術士資格へのチャレンジへの第一歩となります。
　またこの技術士第二次試験は、モノづくりをするうえで、技術者としてとるべき基本姿勢について問い直す試験です。このため技術士第二次試験を受験することは、技術者として生きていくために、非常に役立ちます。また同様に技術士という国家資格は、技術者として生きていくためには、非常に役立つ資格と思います。また、これからのグローバル社会で求められる資格とも言えます。

(2) 現場での体験は、重要

　前の(1)では失敗事例をまとめることをお勧めしました。それに加えて、製造製作現場での経験は非常に役立ちます。モノづくりの現場では、自然法則を無視できない合理性で成り立っています。理屈に合わない機構、プロセスでは不具合の発生が間違いなく起こります。図面上では、立派に収まっているように見えても、実際に動作するとその不具合が確実に出てきます。

　従って、設計したものについては、現場で観察することや、実際に調整や検証をすることで、本質が見え、理解が深まります。
　モノづくりの現場では、大きな組織は、担当が細分化し、現場に入ることがない設計者もいるかもしれません。しかしできるだけ、積極的に現場に足を運ぶようにしてください。問題が発生した場合は、真っ先に現場を見ることが重要です。

3−4−2　失敗を恐れない、設計リスクマネジメント推進

(1) 製品・設備での設計によるリスクマネジメント

　あなたが、機械設計を任され業務を進める上では、その製品や設備のライフ

サイクル全体をイメージすることが重要です。設計を始めるときに全体のフローについて、俯瞰することを心掛けてください。

　設計部門は、製品や設備のリスクマネジメントを兼ねている部門でもあります。顧客の要求仕様や市場のマーケティング情報によって、製品・設備の使い始めから廃棄までの全体を見渡し、設計時点で考えなければならない項目を想像し、具体化することが必要です。

　不具合の発生は、どの工程でも起こる可能性があります。そして下流工程での不具合発生ほど、影響度が大きいことは皆さんよくご存じと思います。そして、不具合を引き起こす原因を有する割合を寄与度とすれば、企画、設計で寄与度が大きいと言えます。**図3－4－1製品ライフサイクルと不具合発生リスク**を参照下さい。

　設計段階では、機構や材料の検討、選定を行います。その段階で生産のことや物流の工程を十分考慮していないことで、生産段階で工程が複雑になり生産性が上がらないといったことや、物流面では、搬送用トラックに乗せにくく運搬効率が悪いといったことが起こりえます。

　このようなことが、日常のモノづくり現場で相変わらず引き起こされている以上、市場での不具合は減らないでしょう。上流設計の重要性については、参考図書として『知ってなアカン！機械技術者　モノづくり現場の「構想設計力」入門』（日刊工業新聞社刊）を参照してください。

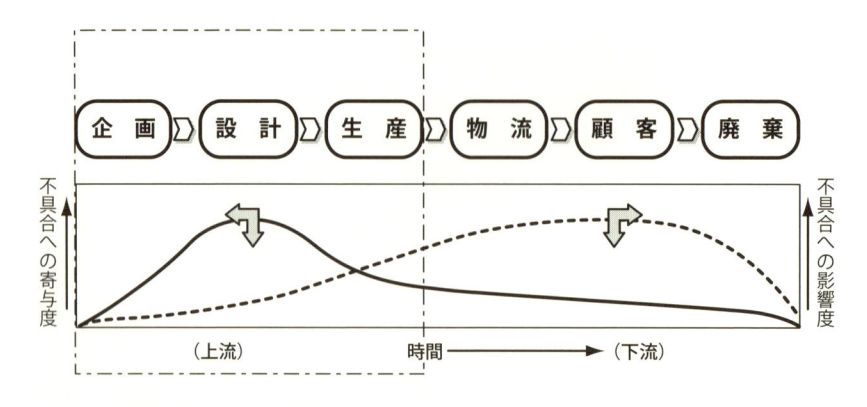

図3－4－1　製品ライフサイクルと不具合発生リスク

過去の事例ですが、ある製品の部品公差を組み合わせると、組立後の製品公差を上回る設計ミスがあったために、生産現場でこの矛盾を吸収する作業が生じていたことがあります。部品の最大公差品が日常的に発生すると生産現場では、NG品が多発することになり、製造コストに大きく影響することになります。

　この場合、部品の公差を改訂するのは、部品サプライヤーでも簡単にはいかず、かといって組み立て公差を変更することは、製品や顧客への影響も大きいためにできないといったことから、サプライヤーには加工時の公差管理で最小狙いをお願いし、製造現場では、組み立て時に最大公差以内への調整をする管理をお願いすることで対応するといった不合理なことが生じていたのです。

　この事例は、設計時点で十分チェックしておけば、防げる内容であり、基本的なことをチェックする手間を惜しまないシステムを確立しておくことが反省点です。このように、設計部門での製品・設備のライフサイクルでのリスクマネジメントの実践が必要です。

（2）FMEA、FTA手法の活用

　不具合の想定を行う手法としてFMEA、FTAを使っている企業も多いことでしょう。製品や設備のライフサイクルを俯瞰するなかで、不具合要因を想像し、抽出するにはこの手法を活用するのが有効です。詳しくは、「『**知ってなアカン！機械技術者　モノづくり現場の「構想設計力」入門**』第4章　**安心・安全技術力入門**」を参照ください。

　たとえば、製品や設備のライフサイクルの各工程で起こりうる不具合の想定をチェックリストで作成し、FMEAの手法で発生確率、影響度を点数化していきます。そして点数から判定し、対応していきます。

表3－4－2　不具合チェックリスト

工程	不具合項目	発生要因	発生度合い	影響度	結果	チェック
企画	設置場所の想定漏れでの温度仕様未達	市場調査不足	2	4	8	済
設計	―	―	―	―	―	―
生産	設備搬送不良でのサイクルタイム低下	設備仕様の根拠不明確	3	4	12	未
物流	輸送時の振動による破損	検証不足	2	5	10	済

また、過去に発生した事例から失敗要因を明確にすることで、今設計を行っているものの対応を検討することも可能です。FTAは失敗要因をツリー化する手法です。どこで問題が潜在していたかを分析し、設計部門に関わる問題を抽出します。このことで対応策を考えることができます。

　表3－4－2の例で設備搬送不良でサイクルタイムが低下した不具合の場合、その要因として設備仕様の要求事項との整合性の確認不足が挙げられます。その確認不足の要因は何であるかを分析し、さらにその分析を繰り返すことで、真の原因にたどり着くことができます。

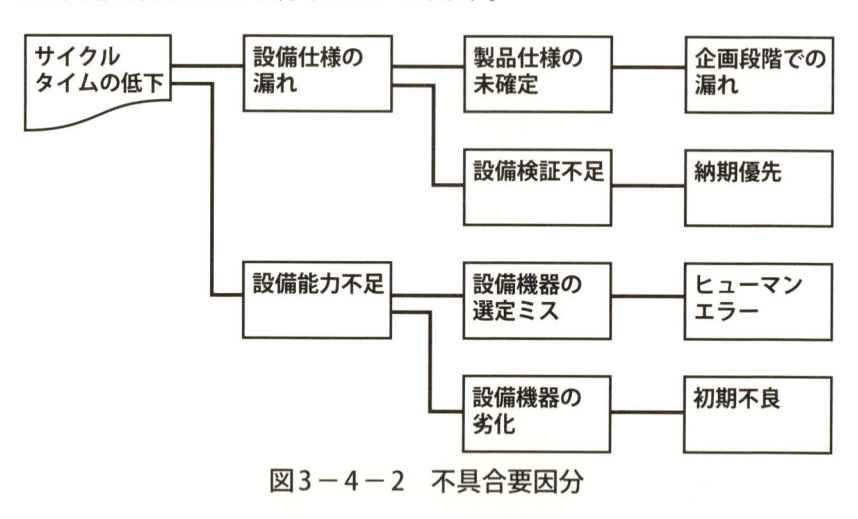

```
サイクル      設備仕様の     製品仕様の     企画段階での
タイムの低下 ─ 漏れ ─────── 未確定 ─────── 漏れ
                            │
                            設備検証不足 ─── 納期優先

              設備能力不足 ─ 設備機器の ─── ヒューマン
                            選定ミス       エラー
                            │
                            設備機器の ─── 初期不良
                            劣化
```

図3－4－2　不具合要因分

　これらの取り組みを設計検証（DR）の場で、チェックを行うか、部署内、グループ内で自問自答する機会を作ることが重要です。

3－4－3　技術者ステータスとチャレンジ精神

(1) 技術者ステータスとしての安全・安心の視点

　今や情報社会であるため、多様な価値観から様々な製品を選択できるようになりました。その反面、効率優先となり、技術者がじっくりと開発することや、幅広く実験をすることができなくなりました。そういった背景から、実績のないモノや価格が極端に安いモノについては、仕様の面で不足しているモノや、欠陥のあるものが出回っている可能性があります。

このためモノを見極める力を養うことが重要です。

技術者としてのモノを見極める力とは、技術的な知識のことです。機械技術者でいうと機械工学の知識であり材料の知識です。また情報収集力もモノを見極める力として重要です。

材料の知識は、専門書、雑誌からも得られますが、サンプルを実際に加工したり、五感を使い体感したりして、知ることが重要です。基本的な物性について、比較できるとわかりやすいです。鉄鋼材料は、一般的な材料ですが、比重は7.8、引っ張り強度は、440N/mm^2、ヤング率は、21000kg/cm^{2}等々、また樹脂材料は、どのくらいの物性かを覚えていることで、形状等からバランスがとれているかを判断することができます。設計する機器に使用する部材について購入する場合には、仕様書のチェックと共に五感を駆使した判断も有効です。これらの取り組みで安全・安心なモノづくりに貢献して行きましょう。こうすることで技術者ステータスを向上させることが可能となります。

また、取引先の状況についても、直接面談などの機会に多面的に調査し、リスト化することもよいでしょう。上場企業の場合、株価や決算状況を調べ、問題がないかも知っておくことが必要です。

(2) チャレンジ精神

機械技術者の皆さんは、モノづくりが好きなはずです。そしてモノづくりに貢献したいと思ってこの世界に入ったと思います。モノづくりでは、自然界にはないものを新たに作り出すことになり、いわゆる生みの苦しみを味わうことになるでしょう。例えば設計した機械が通常は問題なく作動している場合でも、あるとき、急に不具合が発生し、停止したり、破損したりします。

製品を生産する機械の場合、機械の部品に問題あるのか、製品材料に問題があるのかが不明確な事例が多くあります。不具合原因について、調査するには、時間を要するので、生産現場等からプレッシャーをかけられて苦しい思いをすることが必ず起こるものです。こんな時には、あせらず、ひとつ、ひとつ可能性をリストアップし、過去の事例も調査し、要因を分析していくことが必要です。QC手法や、タグチメソッドなどの手法も駆使し、解決へのチャレンジを実践するのです。

トラブルを克服することが出来た時や、完成した設備が、順調に稼働しているのを見ると、技術者としての達成感が得られます。また作業者に改善点を聞

くことで、技術者としてのステップへ生かすことができます。
　モノづくりでは、自然界の法則に従い設計されていることが重要です。新規設計に入るときには、初心に帰り、常にゼロからのスタートを切るとともに、あるべき姿を明確に定め、取り組むことが大事です。そして、チャレンジ精神を忘れずに取り組むことです。

図解 これからの製品・設備と機械設計での対応

設計による、製品・設備のリスクマネジメント

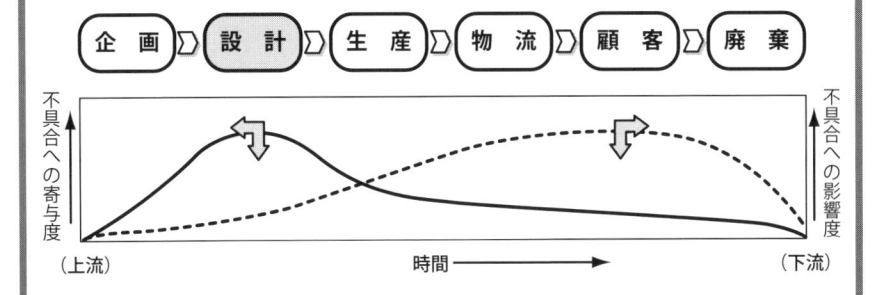

企画 〉 設計 〉 生産 〉 物流 〉 顧客 〉 廃棄

（上流）　不具合への寄与度　時間→　不具合への影響度　（下流）

自己業務経歴書

業　務	担　当	失敗事例	後　悔
△○搬送設備設計	コンベア装置	位置決め機構	リンク形状が、交換にしにくい機構であった。
＊＊スマートフォン設計	機構設計	防水機構	ガスケットの挿入方法が・・・・
充電機器設計	機構設計	耐衝撃性能	クッション機構での・・・・

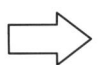

機械技術者 ⇒ ・安全・安心の視点
・チャレンジ精神

第3章　製品・設備対応で、そんな設計じゃ、ダメですよ！

今日はここまで
リスクマネジメント（ISO 31000）

　ISO31000は、2009年11月15日に発行された"Risk management - Principles and guidelines（リスクマネジメント－原則及び指針）です。従来の防火対策、交通安全などの個々のリスクマネジメントの取組みに加えて、企業戦略そのものの検討、研究開発や大規模システムの開発などのプロジェクトでのリスクマネジメントなどにも適用できる指針、ガイドライン規格です。この指針では、特に日常のリスクマネジメントを想定しており、予防活動を実施しても発生を防ぎきれない事件や事故が発生した場合の被害軽減策などを検討し、日常時に事前準備を実施したり、訓練を実施したりすることが対象となります。リスクマネジメントプロセスの具体的な手順は以下のものです。

　①置かれている状況の確定②リスク特定③リスク分析④リスク評価⑤リスク対応⑥モニタリング及びレビュー⑦コミュニケーション及び協議

　最初に実施するのが「置かれている状況の確定」で、解決すべき目標の設定を含む課題の定義であり、解決すべき課題は何か、業務の目的は何か、目指すべき目標はどこにあるのか、適用範囲はどこまでかを明確にします。

　そして、課題を検討する際の外部条件（例として法律、規制の内容、ステークホルダーの要求、経済、社会、文化など外部環境など）、企業など組織内部の条件（組織構成、役割と責任、投入できる経営資源、採用や準拠すべき規格やルールなど）などを認識することです。基本的には、上記①～⑦のプロセスで継続的改善を図るといったPDCAの活動になります。

　この全体の活動を支えるのがコミュニケーション及び協議です。リスクコミュニケーションとは、この課題に関係のあるステークホルダーへの情報伝達やステークホルダーとの情報交換や情報共有です。

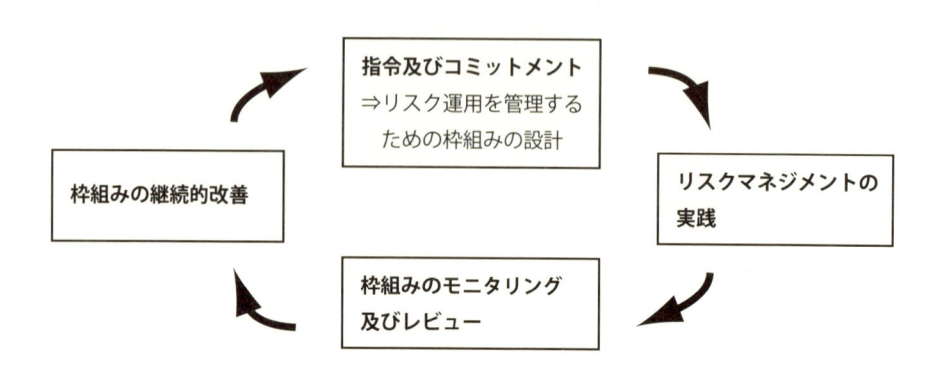

指令及びコミットメント
⇒リスク運用を管理するための枠組みの設計

リスクマネジメントの実践

枠組みのモニタリング及びレビュー

枠組みの継続的改善

第 4 章

海外対応（海外展開、輸出管理）、そんなんじゃダメですよ！

この章では、海外対応では必須となる、「製品や設備などの物の輸出」や「図面やソフトウェアなどの技術の提供」の際の規制を説明します。対応法については想定例を交えることで、わかりやすくお話します。

CHAPTER 4

今や技術の業務は海外対応抜きでは語れない時代や。
しかし、貨物の輸出、技術の提供には外為法による規制があるんや。
特に海外や非居住者への技術提供は要注意や。

- 街灯でも、被害判定でもないのです。
- 4－1．機械技術者と安全保障輸出管理の関わり
- 4－2．該非判定
  【ちょっと休憩】公知の技術と技術者倫理について
- 4－3．貨物輸出・技術提供前の確認事項
- 4－4．技術提供時の対応法
  【今日はここまで】品目リストは、先端貨物・先端技術か？

街灯でも、被害判定でも ないのです

A雄：「わっ、わ、わ、わ、た大変です。英語から電話です！」

　A雄が鳴った電話に出ると、その電話の相手は1：9の割合で片言の日本語と訛りのある英語で話し出したのである。英語を含めた外国語全般を苦手としているA雄は、パニックを起こし悲鳴を上げたのであった。しかし周囲の人間は冷ややかな目でA雄を見ていた。特にD川はA雄を一瞥すると軽く鼻を鳴らし、"やれやれ　┐(´ー`)┌"という表情をした。

G田：「ふん^(∞)^=3　、これも勉強や、自分で何とかせぇ。」
F野：「苦手から逃げちゃダメ。やればできる！」

　A雄の先輩であるG田とF野の二人もA雄を助ける気はないようだ。それぞれ小声で言い、自分の仕事から全く目を離さなかった。自分たちも通過した道なので、なんとかなるだろうと考えていた。

A雄：「街灯？　照明？ですか？　NONO。うちの会社は街灯も照明機器も作ってません。」

　何とか相手の言うことを聞き取ろうと頑張ってはいるが、泣きそうな顔（≧0≦）でF野を見るA雄。"そろそろ助けを出すか"とD川は目だけでG田に指示を出していた。

> 技術者には英語力も必要なんや！

> え、英語は苦手ですぅ。

電話の前で、身振り・手振りでパニック状態のA雄。ますます相手の言っていることがわからない。

A雄：「えっ、ストリートライトじゃない？　照明機器じゃないのですか？　被害判定？　トレード、貿易？　貿易で何か被害でも？　えっ、違う？」

何やら貿易関係らしいことだけはわかった。しかしその他は全く相手の言っていることがわからない。本当に泣きそうになるA雄だった。

G田：「ふん^(∞)^=3　、ほれ、代わるから電話かせ！」

G田の大きな手がA雄の目の前に現れて、ヒラヒラと動いている。普段なら"うぁーきた"と身構えるところだが、今回ばかりはG田の大きな手が神々しく感じ、"助かった"と思うA雄だった。

G田はというと、A雄から受話器を受け取り、片言の英語と日本語（関西訛りの）とで、電話だというのに身振り・手振りで、まるで相手が目の前にいるように会話をしている。ときおり「ちゃいます、ちゃいます。ノーです、ノーですワ〜。」、「そうそう！オーケー、オーケーですワー。」とA雄の耳にG田の大きな声が聞こえてくる。

> 街灯じゃなくて、該当のことよ、たぶん。

> 貿易関係で街灯って何のことですか？

G田の訛りのひどい英語と、これまたひどい関西訛りの日本語で相手に通じているようだ。

G田：「ふー、何とか通じたで〜、さすが関西弁や。関西弁は世界共通語や！」
A雄：「で、相手は何を言ってたんですか？　貿易関係のことだということはわかったんですが・・・。」

　A雄は内心、本当にG田は相手の言ったことがわかったのかと疑問に思っている。そして相手もG田の言ったことが本当にわかったのかと疑問に思っている。だから恐る恐る、G田に電話の内容を聞いたのだった。

G田：「輸出する場合、法令の規制品目に該当してるか、該当してないかの判定がいるんや。お前の言ってるストリートライトの街灯とは、ぜんぜん別もんや！」
D川：「これは物だけでなくて、技術を外国に出す場合も必要で、要注意なんや！　規制技術を"うっかり"技術指導したらエライことになる。」
A雄：「技術指導もなんですか？」

これも知らんかったでは、済まされないんや！

まだまだ勉強しないといけないんですね。

G田：「A雄、お前なぁ、これからも技術者で生きていくんなら、英語は必要やで〜。」
F野：「G田さんが言ってもねぇ〜」
G田：「ふん^(∞)^=3 　、気合の入った関西弁やと世界中どこでも通じるから俺は構へんのじゃー！」
D川：「　┐(´ー｀)┌　」

　F野は仕事が終わったあと、英語を習いにいっているようだ。これからは英語の勉強もしようと考えるA雄だった。そしてどうせ勉強するのなら、F野が通っている英語学校がいいなと考えるA雄だった。

> 関西弁は通じると言われたりするけど、いくらなんでもビジネスの場では無理や！

第4章 海外対応（海外展開、輸出管理）、そんなんじゃダメですよ！

4-1 機械技術者と安全保障輸出管理の関わり

　　日本の企業は外国の企業に対する競争力を維持するために、安価な労働力を求めて海外に展開しています。
　しかし、海外生産は、海外に工場を建てるだけでは実現しません。
　海外工場を国内工場と同様に稼働するためには、生産設備や材料などの「物」の「輸出」と、技術文書の送付や作業者への技術指導などの「技術」の「提供」が不可欠です。
　実は、この「物」の「輸出」と「技術」の「提供」は法令で規制されているのです。
　そのため、規制法令に未対応のまま「物」の「輸出」や「技術」の「提供」を行うと法令違反になる場合があります。

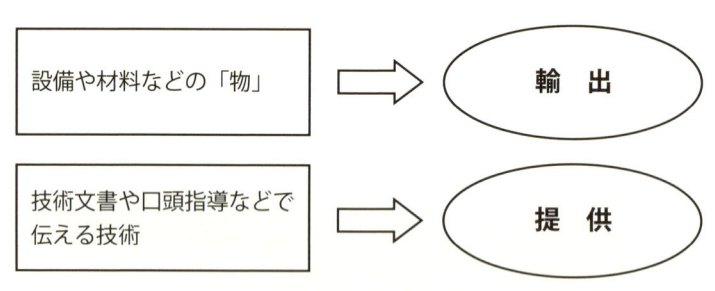

```
設備や材料などの「物」          ⇒    輸　出

技術文書や口頭指導などで       ⇒    提　供
伝える技術
```

図4－1－1　輸出管理規制の2つの枠組み

　特に、技術の提供は、居住者（国内の会社に勤めている人など。外国人も含みます）すべてが技術提供者となる可能性があり、また、提供の手段が多岐にわたる（手渡し、メール、電話など）ことから、知らず知らずのうちに法令違反を犯してしまいがちです。機械技術者も例外ではありません。
　例えば、設計した設備が海外の工場で故障したため、現地工場まで赴いて技術指導する際には、この輸出管理上の技術提供規制の対象になります。
　技術提供規制と規制に対する対処方法については、「4－4　技術提供時の対応法」で解説したいと思います。

4−1−1　法規制はなぜ必要なのでしょうか？

　日本を含めた先進国では、高スペックの「物」（法令の中では貨物または物資といいます）や「技術」（ソフトウェアを含む）を保有しています。これらの「物」や「技術」がテロを支援する国や集団にわたると、テロや紛争に悪用されることになります。

　そのため、レジームと呼ばれる多国間の輸出管理の枠組みが決められています。しかし、この取決め自体には強制力がないため、参加各国は自国の法令に取込むことにより、強制力を担保しています。

　このような各国の取り組みを「安全保障輸出管理」といいます。

4−1−2　日本の安全保障輸出管理法令の構成

　日本の安全保障輸出管理法令は、図4−1−2の構成になっています。

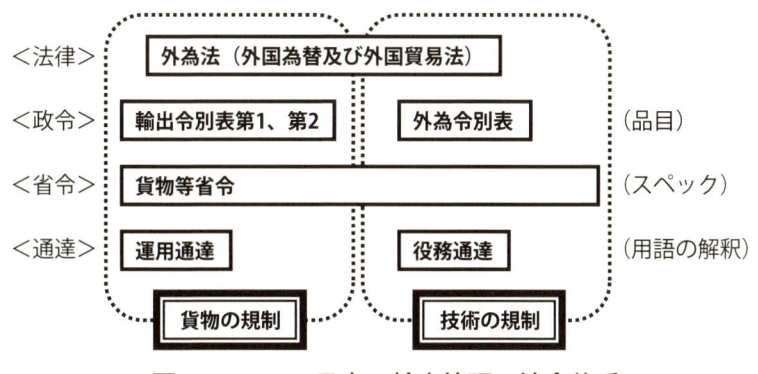

<法律>	外為法（外国為替及び外国貿易法）		
<政令>	輸出令別表第1、第2	外為令別表	（品目）
<省令>	貨物等省令		（スペック）
<通達>	運用通達	役務通達	（用語の解釈）
	貨物の規制	技術の規制	

図4−1−2　日本の輸出管理の法令体系

　法律の「外為法」で大枠の規制が定められ、政令の「輸出令別表第1、第2」及び「外為令別表」で規制対象の品目（リスト）が、省令の「貨物等省令」で規制値（スペック）が定められています。

　また、通達の「運用通達」及び「役務通達」の中で、上記の政令及び省令で使用されている用語の中で、定義を明確にする必要があるものについて、解釈が示されています。

〈ポイント1〉

　貨物規制としては、専用品（部分品または附属品）に注意しましょう。設備全体なら規制品ではないか？と注意をしても部品単体だと油断しがちです。たとえ単体では何の機能も果たさない部品でも、その部品が特定の装置（設備など）に専用に設計されたものであれば、特定の装置の専用品として規制品になる場合があります。

〈ポイント2〉

　機械技術者の業務はCAD、CAM、CAEなど電子化が進んでいます。また、一方ではインターネット、メール、クラウドなどの情報伝達技術も進歩しています。そのため、最新の技術情報が瞬時で遠く離れた外国まで伝わることになります。

　企業が神経をとがらせる機密情報管理とは、まったく別の観点（安全保障）で法令上の規制として、輸出管理が存在するのです。

4－1－3　規制の品目（リスト）

どのような「物」「技術」が規制の対象なのでしょうか？

政令（輸出令別表第1、及び外為令別表）には、1から16の項にグループ分けがされており、各項の名称は「**表4－1－1**」の通りです。

表4－1－1　各項の名称と国際レジーム

項	項の名称	種別	規制根拠	
1の項	武器	通常兵器	武器輸出三原則	日本独自
2の項	原子力	大量破壊兵器	NSG	国際レジーム
3の項	化学兵器		AG	
3の2の項	生物兵器		MTCR	
4の項	ミサイル			
5の項	先端材料	軍事用等通常兵器に使用される蓋然性の高い品目	WA	
6の項	材料加工			
7の項	エレクトロニクス			
8の項	コンピュータ			
9の項	通信関連			
10の項	センサー・レーザー			
11の項	航空関連			
12の項	海洋関連			
13の項	推進装置			
14の項	その他			
15の項	機微品目			
16の項	補完品目	一部（食料品、木材等）の品目を除く、全品目		

国際レジームは4つあり、日本は全てのレジームに加盟しています。

〈4つの国際レジームについて〉

NSG　・・・原子力供給国グループ

AG　　・・・オーストラリア・グループ

MTCR・・・ミサイル関連技術輸出規制

WA　　・・・ワッセナー・アレンジメント

表4－1－2　各項の主な品目

項	主な品目
1の項	鉄砲、爆発物、軍用燃料、火薬、指向性エネルギー兵器、運動エネルギー兵器、軍用車両、軍用船舶など17品目群
2の項	核燃料物質、原子炉、重水素、人造黒鉛、核燃料、リチウム同位元素分離用装置、ウラン同位元素分離装置など51品目群
3の項	軍用化学製剤原料、軍用化学製剤製造装置の2品目群
3の2の項	軍用細菌製剤原料、軍用細菌製剤開発・製造・散布装置の2品目群
4の項	ロケット、無人航空機、推進装置、しごきスピニング加工機、サーボ弁、推進薬など29品目群
5の項	ふっ素化合物、ビニリデンフルオリド圧電重合体、芳香族ポリイミドの製品、超塑性成形用工具など19品目群
6の項	軸受、数値制御工作機械、歯車製造用工作機械、アイソスタチックプレス、コーティング装置、ロボットなど9品目群
7の項	集積回路、マイクロ波用機器、信号処理装置、超電導装置、超電導電磁石、一次セル・二次セルなど24品目群
8の項	電子計算機の1品目群
9の項	伝送通信装置、電子式交換装置、通信用の光ファイバー、フェーズドアレーアンテナ、暗号装置など14品目群
10の項	音波利用水中探知装置、光検出器、センサー用光ファイバー、カメラ、光学部品、レーザー発振器、レーダーなど17品目群
11の項	加速度計、ジャイロスコープ、慣性航法装置、ジャイロ天測航法装置など6品目群
12の項	潜水艦・水上船、船舶の部分品、水中物体回収装置、水中用カメラ、水中用ロボット、動力装置、回流水槽など10品目群
13の項	ガスタービンエンジン、人口衛星、ロケット推進装置、無人航空機、推進装置関連製造試験装置の5品目群
14の項	粉末状の金属燃料、火薬・爆薬用前駆物質、非磁性ディーゼルエンジン、自給式潜水用具、ロボットなど10品目群
15の項	繊維を使用した成型品、電波吸収材・導電性高分子、核熱源物質、レーダー、潜水艦、船舶用防音装置など11品目群
16の項	1から15の項に該当しない全ての品目。 ただし、紙・木材・食糧など明らかに軍事転用できないものを除く。

各項内で、定められている主な品目は「**表4−1−2**」の通りです。

詳細な内容・最新の内容については経済産業省のホームページで現行法令を確認することができます。

該非判定や貨物輸出・技術提供の可否を判断する場合は、必ず、最新の法令を確認してください。

「物」の規制を定める輸出令別表第1と「技術」の規制を定める外為令別表の項の名称は共通になっています。これは、規制技術は、輸出令別表第1の各項で定められる品目に関する技術という規制内容になっているからです。

(「技術」の規制と対応法については「**4−4　技術提供時の対応法**」参照。)

規制内容を確認する場合は、複数の項に関係する場合があるので、注意が必要です。

品目の中には、デュアルユースと呼ばれる兵器にも民生品にも使用できるものが含まれています。例えば、6の項にある軸受や9の項の通信機器などの多数の品目が当たります。

このような品目は身近な貨物ですので、うっかりしがちです。注意してください。

> このサンプルを中国の工場に送りたいんですが、手続きがわからないんです。

> それなら、輸出管理部に相談したほうがいいよ。勝手に送ると法令違反になるかもよ。

4－1－4　罰則

法令で規制されている貨物（以下、該当貨物）や法令で規制されている技術（以下、規制技術）は一部の例外を除き、経済産業大臣の許可をとらなければ、輸出や提供をすることができません。

違反した場合は、図4－1－3に示す罰則があります。罰則は個人に課される「刑事罰」、企業に課される「行政制裁」に分かれます。更に、罰則ではありませんが社会的イメージダウンは、企業に莫大な損害を与えます。

個人に課される刑事罰は、機械技術者のあなたに課されるかもしれないのです。

法令違反に対する罰則
- 刑事罰（公訴時効7年）
  - 個人に対して　懲役　10年以下の懲役
  - 主に企業に対して　罰金　目的物の5倍以下の罰金（ただし、5倍が1000万円以下となる場合は1000万円）
- 主に企業に対して　行政制裁（時効なし）　3年以下の輸出禁止
- 社会的イメージダウン

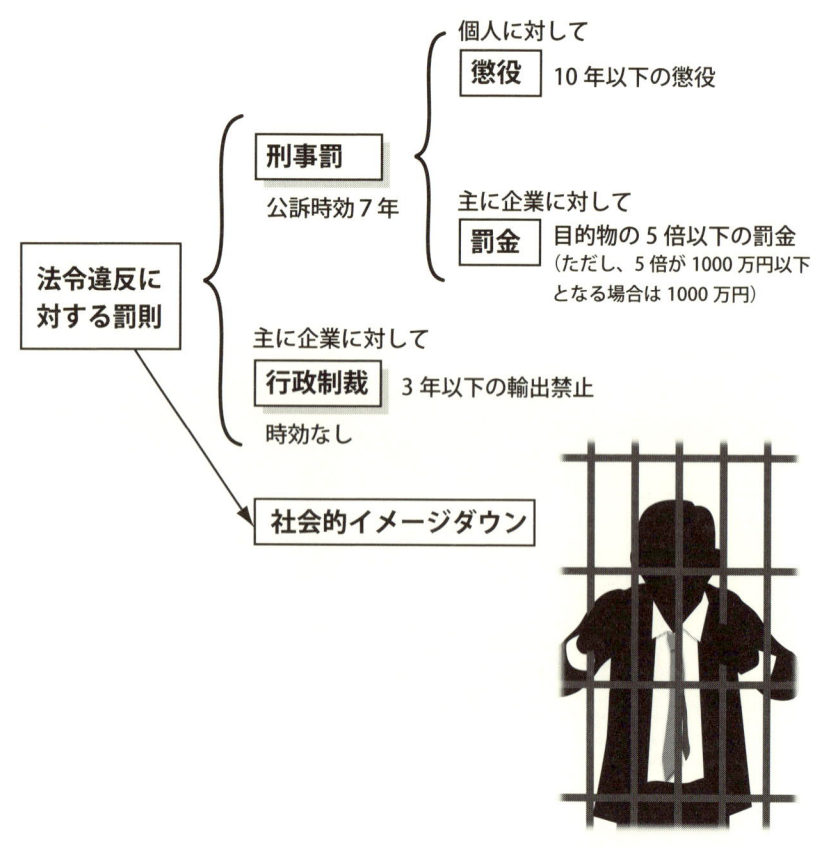

図4－1－3　法令違反に対する罰則

また、経済産業省ホームページで公表された処分の例を表4−1−3に示します。

表4−1−3　経済産業省ホームページで公表された処分の例

株式会社〇〇〇〇	
事件の概要	核兵器を製造する際に転用が可能な三次元測定器の性能を意図的に低く見せかけることにより、経済産業大臣の許可を受けることなく、約1000台輸出した。
行政処分	輸出禁止対象貨物：全貨物 輸出禁止対象地域：全地域 輸出禁止期間：6か月間（一部かもつは更に2年6か月）
刑事処分	罰金4970万円 元副会長は懲役3年（執行猶予5年） 元社長は懲役2年8か月（執行猶予5年）
□□□□株式会社	
事件の概要	核兵器開発に転用可能なマシニングセンタの性能を意図的に低く見せかけることにより、経済産業大臣の許可を受けることなく、約650台輸出した。
行政処分	輸出禁止対象貨物：全貨物 輸出禁止対象地域：全地域 輸出禁止期間：5か月間
刑事処分	罰金4700万円 社員と元社員4名に懲役1年〜2年6か月（執行猶予3年）
有限会社△△興産	
事件の概要	経済産業大臣から許可の申請をすべき旨の通知を受けたにもかかわらず、経済産業大臣の許可を受けることなく中古パワーショベル1台を中国経由で北朝鮮向けに輸出した。
行政処分	輸出禁止対象貨物：全貨物 輸出禁止対象地域：全地域 輸出禁止期間：1年1か月間
刑事処分	会社に対して、罰金120万円 個人に対して、懲役1年6か月（執行猶予3年）

図解 機械技術者と安全保障輸出管理の関わり

安全保障輸出管理の概要

設備や材料などの「物」 ⇒ 輸出

技術文書や口頭指導などで伝える技術 ⇒ 提供

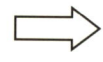

── 輸出管理規制の2つの枠組みを理解する ──

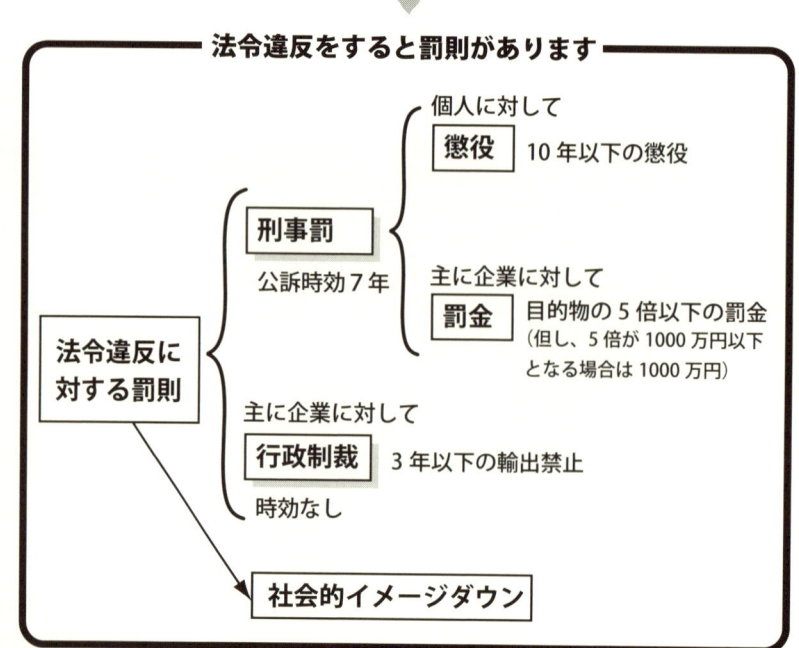

⬇

法令違反をすると罰則があります

法令違反に対する罰則

- 刑事罰（公訴時効7年）
  - 個人に対して
    - **懲役** 10年以下の懲役
  - 主に企業に対して
    - **罰金** 目的物の5倍以下の罰金
    （但し、5倍が1000万円以下となる場合は1000万円）

- 主に企業に対して
  - **行政制裁** 3年以下の輸出禁止
  - 時効なし

- **社会的イメージダウン**

4-2 該非判定

　自分が輸出しようとしている貨物（物）や海外へ提供しようとしている技術が、法令で規制されているか、否かを確認する（該当か非該当かを判定する）ことを「該非判定」といいます。

　4-1-2で触れたように政令の「輸出令別表第1、第2」及び「外為令別表」で規制対象の品目（リスト）が、省令の「貨物等省令」でスペックが定められています。

　政令の品目に合致し、かつ、省令のスペックに当てはまる貨物や技術を「該当貨物」または「該当技術」といい、政令の品目に合致しない、または、政令の品目には合致するが、省令のスペックには当たらない貨物や技術を「非該当」といいます。これを図で表すと**図4-2-1**の通りです。

```
┌─ 全ての判定対対象（貨物や技術）─┐
│   ＜政令の「品目」に合致しない場合＞   │
│   非該当（対象外・・・注1）        │
│  ┌────────────────────┐  │
│  │ ＜政令の「品目」には当てはまるが、  │  │
│  │  省令の「スペック」に当てはまらない場合＞ │  │
│  │        非該当              │  │
│  │ ┌──────────────┐ │  │
│  │ │ ＜政令の「品目」には当てはまり、かつ、│ │  │
│  │ │  省令の「スペック」に当てはまる場合＞│ │  │
│  │ │        該当          │ │  │
│  │ └──────────────┘ │  │
│  └────────────────────┘  │
└──────────────────────┘
```

（注1）政令の「品目」に当てはまらない『非該当』と政令の「品目」には当てはまるが、省令の「スペック」には当てはまらない『非該当』を区別するため、前者の『非該当』を特に、『対象外』と呼ぶ場合があります。

図4-2-1　該当と非該当の関係

4－2－1　該非判定対象の特定

　自分が今、該非判定したいのはどの範囲なのかを明確に特定してください。貨物（物）であれば装置全体なのか、機能をもったブロックなのか、部品単体なのかなど、技術であればどの貨物に関する技術なのか（ポイント①）、公知の技術ではないのか（ポイント②）などです。（技術の対象貨物に関する説明は４－２－３ａ及び〈ポイント③〉を参照）

　また、判定対象の貨物や技術が既に判定済でないのか。自分が判定した貨物や技術だけでなく、自分の会社で判定した記録書類（これを該非判定書と呼ぶ）があれば、現行法令に対して有効なら使用できます。（同じ会社に限定するのは、輸出管理の責任者が同じであることが条件だからです。）

　さらには、たった今必要な判定対象だけ判定するのか、将来のために、関連する貨物や技術を予め判定しておくのかについても検討しておきましょう。

　該非判定対象を明確にできたら、４－２－２からは具体的な判定の仕方に入ります。

〈ポイント①〉
　該非判定対象の特定は極めて重要です。
　該非判定をしたい人に話を聞くと、判定したい貨物が曖昧だったり（例えば、装置全体なのか、装置の部品なのかもはっきりしていない場合）、技術判定では技術提供するのがドキュメントなのか技術指導なのかが曖昧だったり、することがあります。技術判定をする際には、技術の対象貨物を明確にする必要があります。「４－２－３　技術の該非判定」を参照してください。
　判定対象が曖昧だと、不要な判定に時間を取られたり、逆に必要な判定をやり漏らしたりする危険があります。

〈ポイント②〉
　インターネットで公開されている、新聞に掲載されているなど、不特定多数の人が何の障害もなく入手可能な技術情報は規制しても意味がないので、規制されません。このような技術のことを「公知の技術」といいます。

　ここで、４－２－４を参照して、該非判定ツールを準備しましょう。
　該非判定ツールで確認しながら読み進めることで理解が深まります。

4-2-2　貨物の該非判定

　ここでは、貨物（物）の該非判定の手順について説明します。
(1) 該非判定対象の特性確認
　4-2-1で、該非判定対象の特定をしましたので、次に、該非判定対象の特性（特徴）を確認します。
　該非判定対象の特性とは、次の通りです。
　（複数の項目に当たる場合がありますので注意してください）

- ①分離構成品があるか？
- ②設備か設備以外か？
- ③汎用品か専用品か？
- ④自社品（設計が自社の意味）か他社品か？

各項目について、説明していきます。
① 分離構成品があるか？
　分離できる構成品がある場合は、分離構成品をそれぞれ判定し、次に全体の判定を行います。
　分離構成品の概念は以下の通りです。いずれの場合も分離構成品の判定と全体の判定の両方が必要です。

- 物理的に分離できる
  物体として分離できる状態。
  ただし、分離することによって機能が消失するレベルまでは分解しない。
  （物理的に分離できる例）
  - 測定器が測定機本体とプローブに分離できる場合。
- 機能的に分離できる
  組込品は、装置全体から物理的に分離できないが、装置全体を稼働しなくても組込品が使用できる状態。
  （例1）　計測装置に組み込まれた測定器を、計測装置を動作させなくても使用できる場合。
  （例2）　設備に組み込まれたポンプを、設備を動作させなくても使用できる場合。

② 設備か設備以外か？
　「何か」を専用に製造（設計、計測、‥を含む）するための設備であるか？
　　→YESの場合は上記の「何か」をまず判定し、その該非によって専用設備として判定し、次に設備そのものの機能で判定する手順で行う。
　　→NOの場合は設備の機能で判定する。

③ 汎用品か専用品か？
　汎用的に使用するように設計された貨物（いわゆるカタログ品）か、他の何かの貨物（特定組立品）に組み込まれるように、専用に設計された貨物（いわゆるカスタム品）か？

〈注意〉汎用品か専用品かの判断基準は、設計の意図です。
従って、汎用品か専用品かの判断は設計者（製造した会社）が行うことになります。

→YESの場合。さらに「部分品」か「附属品」に分類される。
  { 部分品：特定組立品から取外すと特定組立品が機能しなくなる貨物
    附属品：特定組立品から取外しても特定組立品が機能する貨物

判定対象が専用品の場合は、特定組立品をまず判定し、その該非によって、「部分品」又は「附属品」としてまず判定し、次に判定対象貨物の機能で判定する手順で行う。
→NOの場合は判定対象貨物の機能の機能で判定する。

④自社品（設計が自社の意味）が他社品か？
　　　→自社品：自社内の設計者にスペックを確認する。
　　　→他社品：判定対象を設計したメーカーに「メーカー判定書」の発行を依頼して、入手する。

〈注意〉「メーカー判定書」はメーカーの判断で判定しているものなので、判定が必ずしも正確ではない場合がある。

表4－2－1　政令7の項 抜粋

次に掲げる貨物であって、経済産業省令で定める仕様のもの
(1) 集積回路（4の項の中欄に掲げるものを除く。）
(2) マイクロ波用機器若しくはその部分品又はミリ波用機器の部分品
(3) 弾性波若しくは音響光学効果を利用する信号処理装置又はその部分品
(4) 超電導材料を用いた装置
(5) 超電導電磁石（2の項の中欄に掲げるものを除く。）
(6) 一次セル、二次セル又は太陽電池セル
(7) 高圧用コンデンサ（2の項の中欄に掲げるものを除く。）
　　︙

表4－2－2　省令第6条（7の項の省令）抜粋

輸出令別表第1の7の項の経済産業省令で定める仕様のものは、次のいずれかに該当するものとする。
一　集積回路であって、次のいずれかに該当するもの
イ　次のいずれかの放射線照射に耐えられるように設計したもの
㈠　全吸収線量がシリコン換算で5,000グレイ以上のもの
㈡　吸収線量がシリコン換算で1秒間に5,000,000グレイ以上のもの
㈢　1メガ電子ボルト相当の中性子束（換算値）が1平方センチメートル当た50兆個以上となるもの（MIS形のもは除く。）
ロ　マイクロプロセッサ、マイクロコンピュータ、‥‥‥
　　　　　　　　　　　　　︙
二　マイクロ波用機器又はミリ波用機器の部分品であって、次のいずれかに該当するもの
イ　電子管であって、次の㈠又は㈡に該当するもの（㈢に該当するものを除く。）
㈠　進行波管であって、次のいずれかに該当するもの
　1　動作周波数が31.8ギガヘルツを超えるもの
　　　　　　　　　　　　　︙

(2) 品目の特定

　判定対象の貨物（判定をしようとしている貨物）が政令の品目の中のどれにあたるのかを確認します。
　（表4－2－1に政令7の項の抜粋を示します）
　4－1で説明しましたが、政令は1の項～16の項まであります。このうち、16の項を除く、1の項～15の項について、品目に当てはまるものがないかを確認します。（16の項は1の項～15の項で非該当になったものが、ほぼ全て該当になるためです）

(3) スペックを確認して該非を判断

　政令の品目があった場合は、その政令に紐づけされた省令を確認します。政

令に紐づけされた省令は1つとは限りませんので注意してください。

省令には、その品目が該当になるスペックが定められています。(**表4－2－2**に省令第6条（7の項の省令）の抜粋を示します) 省令に定められたスペックに当てはまる場合は、「該当」となり、当てはまらない場合は「非該当」となります。

「該当」貨物（いわゆる規制品）は、そのままでは輸出できません。4－3の中で説明する許可手続きを行い、許可が得られた場合だけ輸出できます。

〈参考1〉
政令の品目、それに紐づく省令を合わせて「項番」といいます。
　（例）政令7（1）省令6-1　など

〈参考2〉
項番を調べる方法は4－2－2（3）で説明しましたが、補助的な方法を紹介します。
a. 「輸出令別表第1・外為令別表用語索引集」（日本機械輸出組合発行）を使用する
　この索引集は法令の中にある用語をアイウエオ順に収録してあります。
　《注意》同じ意味の別の用語は掲載されていない。
　（例）軸受：掲載されている　　ベアリング：掲載されていない
b. メーカー判定書を入手する
　社外購入品の該非判定をする場合は、購入元からメーカー判定書を入手して、記載してある項番を参考にする。

4－2－3　技術の該非判定

ここでは、技術の該非判定の手順について説明します。

まず、技術の判定の仕方に入る前に、技術判定に関係する法律用語の確認をしましょう。普段の仕事や生活で使用している意味ではない使われ方もありますので、注意してください。

a.「技術」、b.「設計」、c.「製造」、d.「使用」、e.「公知の技術」、f.「居住者と非居住者」について説明します。

a.「技術」

『貨物の設計、製造又は使用に必要な特定の情報をいう。この情報は、技術データ又は技術支援の形態により提供される。』

〈ポイント③〉
　法令上の技術は貨物（物）に関係する情報に限定されているので、人事情報やスケジュールなど、物に関係する情報を含まない場合は規制の対象になりません。

〈ポイント④〉
　一つの書類の中には、非技術情報やA貨物の技術やB貨物の技術などが混在しているのが普通です。書類を該非判定する場合は、どの部分が非技術情報で、どの部分が何の貨物の技術なのかを分類する必要があります。

〈ポイント⑤〉
　法令で定義される「技術」は「設計技術」「製造技術」「使用技術」にわかれます。3つの技術は一連の流れであり、大まかには物を作るための技術が「製造技術」で、「製造技術」より前の技術は全て「設計技術」であり、「製造技術」より後の技術は全て「使用技術」です。

b.「設計」

『設計研究、設計解析、設計概念、プロトタイプの製作及び試験、パイロット生産計画、設計データ、設計データを製品に変化させる過程、外観設計、総合設計、レイアウト等の一連の製造過程の前段階のすべての段階をいう。』

c.「製造」

『建設、生産エンジニアリング、製品化、統合、組立て（アセンブリ）、検査、試験、品質保証等のすべての製造工程をいう。』

d.「使用」

『操作、据付（現地据付を含む。）、保守（点検）、修理、オーバーホール、分解修理をいう。』

〈ポイント⑥〉
- 「技術」は「設計技術」と「製造技術」と「使用技術」に分類され、「設計」から「使用」までの一連の流れと考える。
- 3つの技術の全部を規制する場合と一部を規制する場合がある。

e.「公知の技術」
- 既に不特定多数の者に対して公開される技術。
- 不特定多数の者が入手可能な技術。
- 不特定多数の者が入手又は聴講可能な技術。
- ソースコードが公開されているプログラム。
- 不特定多数の者が入手又は閲覧可能とすることを目的とする取引。
  但し、特定の者に提供することを目的とする場合を除く。

f.「居住者と非居住者」
- 居住者・・・・主には日本に住む日本人のことですが、日本に在る会社(外資も含む)に勤務する外国人も含まれます。
- 非居住者・・・主には外国に住む外国人のことですが、外国に在る会社(日系企業も含む)に勤務する日本人も含まれます。

(1) 技術の対象貨物の判定結果を確認

「技術」は定義より、技術の対象となる貨物の「技術」であるため、規制の仕組みも、「技術の対象貨物」の判定結果(該非ともいう)により確認する項目が異なります。

「技術の対象貨物」が「該当」の場合は(2)及び(3)へ、
「技術の対象貨物」が「非該当」の場合は(3)へ進んでください。

表4－2－3　政令　7の項

(1) 輸出貿易管理令別表第1の7の項の中欄に掲げる貨物の設計又は製造に係る技術であつて、経済産業省令で定めるもの

(2) 輸出貿易管理令別表第1の7の項(16)に掲げる貨物の使用に係る技術であつて、経済産業省令で定めるもの

(3) 集積回路の設計又は製造に係る技術であつて、経済産業省令で定めるもの((1)及び4の項の中欄に掲げるものを除く。)

(4) 超電導材料を用いた装置の設計又は製造に係る技術であつて、経済産業省令で定めるもの((1)に掲げるものを除く。)

(5) 電子管又は半導体素子の設計又は製造に係る技術であつて、経済産業省令で定めるもの((1)に掲げるものを除く。)

表4－2－4　省令第19条（7の項の省令）抜粋

外為令別表の7の項（1）の経済産業省令で定める技術は、次のいずれかに該当するものとする。
1　一　第6条第十六号ロに該当するものの設計又は製造に必要な技術（プログラムを除く。）
　　二　第6条に該当するもの（同条第十六号ロに該当するものを除く。）の設計又は製造に必要な技術（プログラムを除く。）であって、次のいずれにも該当しないもの
　　　　イ　同条第十六号の二に該当するものの製造に必要な技術
　　　　　　︙
2　外為令 別表の7の項（2）の経済産業省令で定める技術は、第6条第十七号イからヘまでのいずれか又はチに該当するものを使用するために設計したプログラムとする。
3　外為令 別表の7の項（3）の経済産業省令で定める技術は、次のいずれかに該当するものとする。
　　一　導体、絶縁体又は半導体に対してマスクパターンを転写させるためのリソグラフィ工程、エッチング工程又は成膜工程を条件設定するための物理的シミュレーションプログラム
　　二　絶縁体が二酸化けい素からなる集積回路の基板であって、シリコンオンインシュレータ構造を有するものの設計又は製造に係る技術（プログラムを除く。）
　　　　︙
4　外為令 別表の7の項（4）の経済産業省令で定める技術は、超電導材料を用いた電子素子の設計又は製造に係る技術（プログラムを除く。）とする。
　　　　︙

(2) 技術の対象貨物が「該当」の場合の技術判定

ここでは、技術の対象貨物が「該当」の場合のときだけ確認する内容を説明します。

表4－2－3に政令7の項を示しましたが、この表の中の（1）で『中欄に掲げる貨物』とは該当貨物の意味です。

従って、技術の対象貨物が該当の場合は、まず、この（1）を確認する必要があります。

　政令には省令が紐づいています。この場合は、省令19条-1が紐づいており、ここにスペックが示されています。（表4－2－4参照）

　ここで「必要な技術」とは、該当貨物を該当たらしめるために必要な技術という意味です。

（3）技術の対象貨物が「該当」又は「非該当」の場合の技術判定

　ここでは、技術の対象貨物が「該当」の場合と「非該当」の場合にも確認する内容を説明します。

　技術は規制が貨物より厳しく、技術の対象貨物が非該当の場合であっても、技術が該当になる場合があるのです。

> 僕は外国人と話す機会もないですから、技術提供で法令違反を犯す心配はないですよねぇ？

> それは間違いよ。相手が日本人であっても、外国の工場に勤務している場合は非居住者になるから、規制の対象になるのよ。

4－2－4　該非判定のツール

- 「安全保障貿易管理関連貨物・技術リスト」（日本機械輸出組合　発行）
  一般的に「法令集」と呼ばれ、輸出管理関連のほぼ全ての法令が収録されています。ただし、発行後の法令改正は要注意です。
- 「輸出令別表第1・外為令別表用語索引集」（日本機械輸出組合　発行）
  一般に「索引集」とよばれ、該非判定の項番を見つけるための補助資料となります。

- 「経済産業省安全保障貿易管理ホームページ」
  (http://www.meti.go.jp/policy/anpo/index.)
  最新の法令や情報が入手できます。
- 「CISTECホームページ」（http://www.cistec.or.jp/）
  該非判定等の情報が入手できます。

4−2−5　該非判定の記録

　該非判定を実施した場合は、該非判定書として記録を残さなくてはいけません。該非判定書を作成・保管することの意義は以下の通りです。
- 該非判定の責任者が明確になること。
  「輸出者等遵守基準」が定められており、その中で該非判定の責任者を明確にすることが定められています。
- 判定法令の改正施行日との前後関係が明確になること。
  法令は頻繁に改正が行われます。特に政令、省令は年に複数回の改正が行われます。判定書に関係する項番に改正があったか否かを判断するためには、判定書承認日を明確にする必要があります。
  ただし、これまで項番を持たなかった品目が項番を持ったり、これまでの項番に追加して、項番が追加されたりする場合がありますから注意してください。
- 後日の判定の資料になること。
  該非判定書はその時の貨物輸出や技術提供に使用した後も同一の輸出・提供時には再度使用できる場合があります。

4−2−6　米国法

　米国法のEAR（U.S. Export Administration Regulations：米国輸出管理規則）では、米国からの輸出に加え、再輸出という米国から輸出した貨物や技術が米国以外の国から再度輸出することを規制しています。
　（これを再輸出規制と呼びます）これは統治下にない他国に対して規制をしており、域外適用となります。
　ではなぜ、域外適用の米国の法律を守る必要があるのでしょうか？
　それは、規制に違反した者（企業）はDPL（Denied Persons List）に掲載さ

れ、米国との取引を禁止されてしまうからです。

また、日本の多くの企業が米国法違反の企業と取引しないと宣言しているため、日本国内での企業活動も困難になります。

そこで、日本国内の企業は国内法を遵守することは勿論のこと、米国法に関しても違反をしないように、該非判定をしています。但し、EARも4－1－3で述べた4つの国際レジームを国内法におとし込んでいるのは日本法令と同じですので、骨組みは変わりません。しかし、米国独自規制と呼ばれる追加の規制があるので、気を付けてください。

米国法の再輸出規制の対象は表4－2－5の通りです。

表4－2－5　米国法の再輸出規制の対象

- 米国原産品目：米国の国内で製造された品目
- 米国原産組込品：米国原産品目を価格比率で10％超含む外国製の品目
- 米国原産技術を用いて外国で製造された直接製品

注）品目には、貨物・技術・ソフトウェアを含みます。

再輸出規制対象の条件にあてはまる場合は、CCL（The Commerce Control List）を確認し、ECCNもしくはEAR99を調べます。

CCLは米国商務省 産業安全保障局（BIS）のホームページで閲覧することができます。（http://www.bis.doc.gov/）

表4－2－6にECCNの構造を示します。CCLを調べた結果、ECCNに当たらない場合は、EAR99となります。

ここまでの流れを図4－2－2に示します。

表4－2－6　ECCNの構造

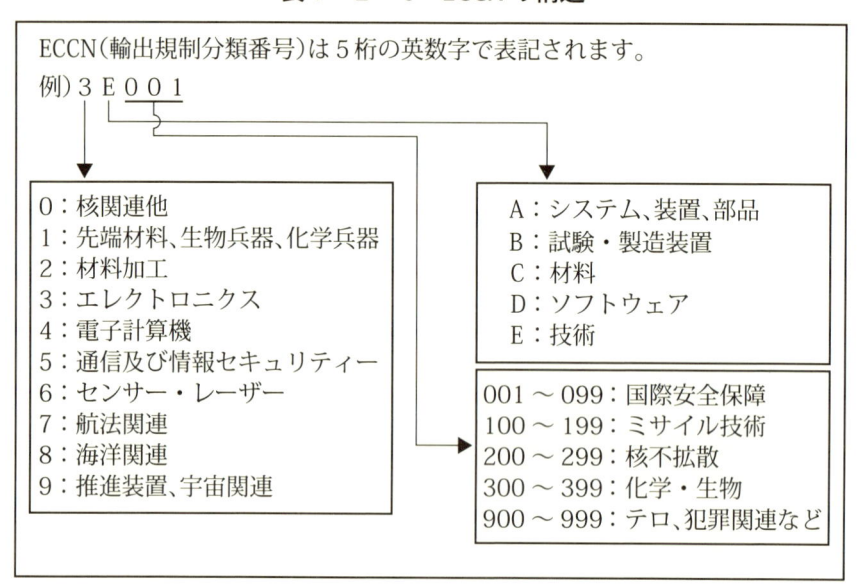

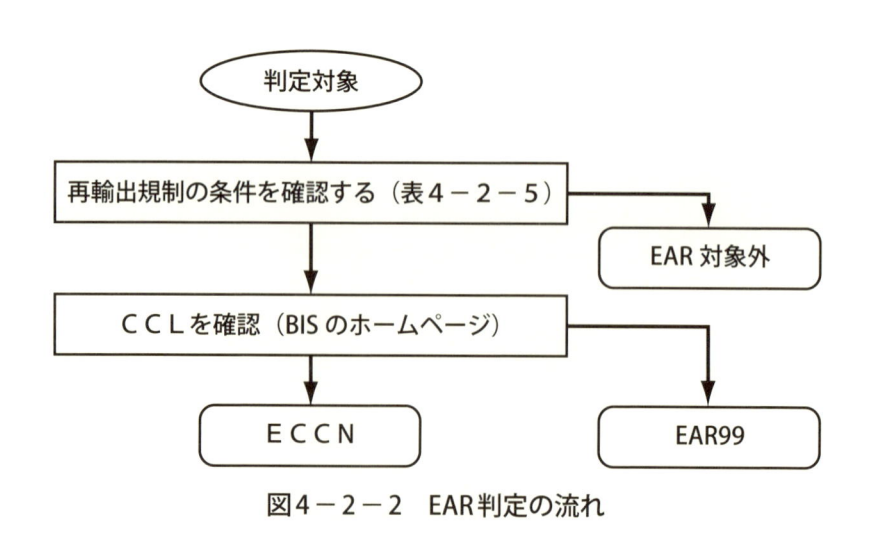

ECCN（輸出規制分類番号）は5桁の英数字で表記されます。
例）3 E 0 0 1

0：核関連他
1：先端材料、生物兵器、化学兵器
2：材料加工
3：エレクトロニクス
4：電子計算機
5：通信及び情報セキュリティー
6：センサー・レーザー
7：航法関連
8：海洋関連
9：推進装置、宇宙関連

A：システム、装置、部品
B：試験・製造装置
C：材料
D：ソフトウェア
E：技術

001～099：国際安全保障
100～199：ミサイル技術
200～299：核不拡散
300～399：化学・生物
900～999：テロ、犯罪関連など

判定対象
↓
再輸出規制の条件を確認する（表4－2－5）→ EAR対象外
↓
CCLを確認（BISのホームページ）→ EAR99
↓
ECCN

図4－2－2　EAR判定の流れ

図解 該非判定

―― 全ての判定対対象（貨物や技術）――

＜政令の「品目」に合致しない場合＞
非該当（対象外）

＜政令の「品目」には当てはまるが、
省令の「スペック」に当てはまらない場合＞
非該当

＜政令の「品目」には当てはまり、かつ、
省令の「スペック」に当てはまる場合＞
該当

該非判定対象の特定

貨物の判定

(1) 該非判定対象の特性確認
　↓
(2) 品目の特定
　↓
(3) スペックを確認して該非を判断

技術の判定

(1) 技術の対象貨物の判定結果を確認
　↓
(2) 技術の対象貨物が「該当」の場合の技術判定
　↓
(3) 技術の対象貨物が「該当」又は「非該当」の場合の技術判定

第4章 海外対応（海外展開、輸出管理）、そんなんじゃダメですよ！

ちょっと休憩 公知の技術と技術者倫理について

　公知の技術は、不特定多数の人が何の障害もなく入手可能な技術であって、公知の技術であれば、法令の規制を受けないと説明しました。
　これは、誰もが入手可能な技術は規制しても仕方がないからです。
　また、公知の技術は技術のレベルの高さには関係がありません。

　では、最新のミサイルの技術をインターネット上で公開する行為はどうなるのでしょうか？
　「技術を公知とするために当該技術を提供する取引」は輸出管理上の規制対象にならないことになっています。
　しかし、「特定の者に提供することを目的として公知とする取引を除く。」となっており、やはり規制の網に掛かっています。

　一方で、大量破壊兵器に関する技術をインターネットに公開する行為は技術者として、正しい行為なのでしょうか？
　危険な技術が拡散してしまうのですから、倫理的に問題です。高度な技術を持った技術者には、高い倫理観が必要なのです。
　技術者は技術を磨くのと同時に、常に公益確保を考えた行動をとる必要があります。

4-3 貨物輸出・技術提供前の確認事項

4-3-1 該非判定書の確認

まず、該非判定書を確認しましょう。

もちろん、該非判定書がない、又は未判定の貨物や技術については、該非判定を実施してください。

該非判定書で確認すべき内容は次の通りです。

> ①いつの施行法令で判定されたか？
> ②輸出する貨物又は提供する技術は、該非判定書の判定範囲に含まれるか？　判定書の適用範囲は限定されていないか？
> ③該非判定結果の該非は？
> ④米国法の再輸出規制に該当するか？
> ⑤エビデンスの限定、有効期限は大丈夫か？

①いつの施行法令で判定されたか？

該非判定書には、判定した日付が記載されています。

この日付以降で、判定書に挙げている項番に法令改正がなかったか、また、新たに挙げるべき項番が法令改正で追加されていないかについて確認しましょう。

挙げている項番に改正がなく、関係する項番が追加されていなければ、該非判定書は現行法令で有効と判断できます。

②輸出する貨物又は提供する技術は、該非判定書の判定範囲に含まれるか？

輸出しようとしている貨物や提供しようとしている技術が、該非判定書の判定範囲に含まれるかを確認しましょう。

貨物や技術を特定するための型名や型番などが該非判定書に記載されていますか？

該非判定書の型名の記載がワイルドカードを用いた場合はその範囲に入っていますか？（例：「ABCD-＊（＊には英字が一文字入る）」など）

また、該非判定書の中で、判定範囲を限定する記述はありませんか？
（例：「但し、A社製の製品を除く」など）

③判定書の適用範囲は限定されていないか？
　判定書には「○○国向け限定」や「●●国には適用不可」や「有効期限○月◇日〜△月□日」などの適用範囲に限定がついている場合があります。

④該非判定結果の該非は？
　該非判定書の判定結果は「該当」ですか？「非該当」ですか？
a. 日本法令「該当」の場合
　「少額特例」などの特例が適用できないかを検討し、適用できない場合は、経済産業大臣の許可が必要です。これをリスト規制といいます。
b. 日本法令「非該当」の場合
　日本法令「非該当」であれば、ほぼ全ての貨物・技術がキャッチオール規制の対象となります。キャッチオール規制では「用途・需要者確認」が必要です。（4－3－2及び4－3－3を参照ください）
c. 米国法令「該当」の場合
　米国法（主にEAR）では、「該当」（米国法規制対象品目）の場合は次の⑤を参照ください。

　該当品の無許可輸出は、法令違反になります。（特例などの例外は除く）朱印を押すなど一目で該当判定書とわかる工夫が必要です。

⑤米国法の再輸出規制に該当するか？

米国法（EAR）の規制対象になっていた場合（4－2－6「米国法」参照）、日本法令の非該当という判定はなく、最低でも「EAR99」の輸出規制分類番号となります。EAR99以外はECCNが付与されます。（**表4－2－6**を参照してください。）

また、米国法の判定は、出所の国際レジームが同じであるため、日本法令で非該当であれば、米国法でも基本的には厳しい規制にはなりませんが、米国独自規制という米国法のみに存在する規制もあるので注意してください。

厳しい規制がかかる貨物や技術・ソフトウェアに関しては、判定結果に合わせて、LE（許可例外）を入手する必要があります。このLEが入手できていない場合は都度、米国商務省に許可申請が必要です。

実際の運用にあたっては、該非判定を実施する際にLEの書類を併せて入手しておき、該非判定書のエビデンスと一緒に綴じておきます。従って、輸出や提供の直前の確認では、該非判定書のエビデンスを確認する際に、LEを同時に確認することになります。

⑥エビデンスの限定、有効期限は大丈夫か？

購入品の該非判定書を作成する場合にエビデンスとして、メーカー判定書を入手し、エビデンスとする場合が多いですが、メーカー判定書は他社の作成する書類であるため、自社の都合に合わせた記載になっていない場合があります。

例えば、「同じ判定結果であっても、判定時に購入済の製品の型名に限定」や「仕向地（輸出国）を限定」などの条件ついている場合があります。

また、エビデンスには、有効期限を記載している場合もあるので、有効期限が切れている場合は、再度依頼をして入手をする必要があります。

4－3－2　用途の確認

輸出する貨物や提供する技術が大量破壊兵器などの開発などや通常兵器の開発などに使用される恐れがあるか否かを「用途」の観点で確認する必要があります。以下の（1）から（3）の3項目を確認してください。

（1）大量破壊兵器など（注1）の開発など（注2）に使用するか。
（2）以下の行為に使用するか。

- 核燃料物質又は核燃料物質の開発等　　・核融合に関する研究
- 原子炉（発電用軽水炉を除く）または、その部分品若しくは附属装置の開発等
- 重水の製造　　・核燃料物質の加工　　・核燃料物質の再処理
- 以下の行為であって、軍若しくは、国防に関する事務をつかさどる行政機関が行うもの、またはこれらの者から委託を受けておこなうことが明らかなもの
    a. 化学物質の開発又は製造　　b. 微生物又は毒素の開発など
    c. ロケット又は無人航空機の開発等　　d. 宇宙に関する研究
  （但し、a及びbについては告示に定めるものを除く）

（3）仕向地が輸出令別表第3の2に掲げる国・地域（注3）であって、通常兵器（注4）の開発・製造又は使用のために用いられるか。

輸出又は提供先での用途を確認した場合は、必ず、証拠を書面で入手し、入手した書面をもとに判断をしてください。

〈注1〉大量破壊兵器など
- 核兵器　　・軍用の化学製剤　　・軍用の細菌製剤　　・軍用の化学製剤又は細菌製剤の散布のための装置　　・300km以上運搬することができるロケット　　・300km以上運搬することができる無人航空機

〈注2〉開発など
開発、製造、使用又は貯蔵

〈注3〉輸出令別表第3の2に掲げる国・地域（本書出版現在で）
アフガニスタン、コンゴ民主共和国、コートジボアール、エリトリア、イラク、レバノン、リベリア、リビア、北朝鮮、ソマリア、スーダン

〈注4〉通常兵器
輸出令別表第1の1の項に該当の貨物（ただし、大量破壊兵器などに該当するものを除く）

4－3－3　需要者の確認

輸出する貨物や提供する技術が大量破壊兵器などの開発などや通常兵器の開発などに使用される恐れがあるか否かを「需要者」の観点で確認する必要があります。

提供先は国名だけでなく、企業名（相手が個人の場合は個人名）が必要です。また、輸出先と最終ユーザーが別の場合は、最終ユーザーの情報が必要です。

（1）及び（2）を確認しましょう。

(1) 懸念顧客リストの確認

日本法令、米国法令ともに、公的に公開されている懸念すべき相手先のリストがあります。このリストまず確認しましょう。

各企業等で定めているリストは公的なリストに、各企業の事情で内容が追加されたものになっています。

a. 日本法令上の懸念顧客リスト

「外国ユーザーリスト」

経済産業省が公開している顧客リストで、経済産業省のホームページで閲覧することができます。

b. 米国法令上の懸念顧客リスト

以下のリストを米国商務省ホームページで確認してください。

- 「Denied Persons List（DPL）」（管轄：商務省）
- 「Unverified List」（管轄：商務省）
- 「Entity List」（管轄：商務省）
- 「Specially designed Nationls List」（管轄：財務省）
- 「Debarred List」（管轄：国務省）
- 「Nonproliferation Sanctions」（管轄：国務省）

(2) 大量破棄兵器などの開発などを行う（行った）かの確認

（1）a.で、懸念顧客リストを確認し、問題がない場合は、大量破壊兵器など

の開発などを過去に行っているか、または、過去に行っていたかについて調査をし、書面で問題ないことを確認しましょう。

(3) Country Chartの確認

（1）b.で懸念顧客リストを確認し、問題がない場合は、Country Chart（EAR Part 738 Supplement No.1）を米国商務省ホームページで確認してください。

〈ポイント①〉
　<u>公知の技術はあるが、公知の貨物はありません。</u>
　輸出は物理的な移動を規制している。そのため、よく知っている貨物でも規制の対象になります。

〈ポイント②〉
　<u>貨物の輸出だけでは技術の提供にはなりません。</u>
　「貨物には技術が詰まっている」と考えるのは誤りです。

〈ポイント③〉
　<u>貨物に内蔵されているソフトウェアは、別途技術判定が必要です。</u>
　<u>貨物に添付する取扱い説明書も別途技術判定が必要です。</u>
　貨物に内蔵していたり、貨物一緒に同梱されたりしている技術は判定を見逃しがちです。注意しましょう。

〈ポイント④〉
　過去に輸出した貨物に内蔵していた部品を単体で輸出する場合でも、新たに該非判定が必要です。

〈ポイント⑤〉
　薬剤などは輸出令別表第2に該当となる場合があるので、要注意。

4-3-4　記録書類の保管

判断をした記録書類は、いつでも取り出せるように保管しましょう。

将来、万が一問題が発生した場合に、輸出管理を問題なく実施しているかの確認を経済産業省から受ける場合があります。

- 該非判定時に問題はなかったか？
- 用途需要者確認に問題はなかったか？
- 特例を適用した場合は、適用に問題がかったか？

など

　確認に対応するためには、必要な書類が確実に保管してあることが必要です。（行政罰には時効がないため、書類は永年保管をしてください。）

　また、社内の輸出業務を円滑に行うためにも過去の書類は重要です。リピート品の輸出は勿論のこと、技術提供時にも資料は有効活用できます。
　社内の他部門での輸出書類を全社的に有効に活用するためには、情報の共有が不可欠です。
　特に該非判定結果は、社内データベースなどを用いて、全社で共有し、活用していきましょう。

> 去年、タイの工場に部品を輸出したときの該非判定書はありませんか？

> それなら、社内データベースで確認できるわ。これからはおぼえておくのよ。

図解 貨物輸出・技術提供前の確認事項

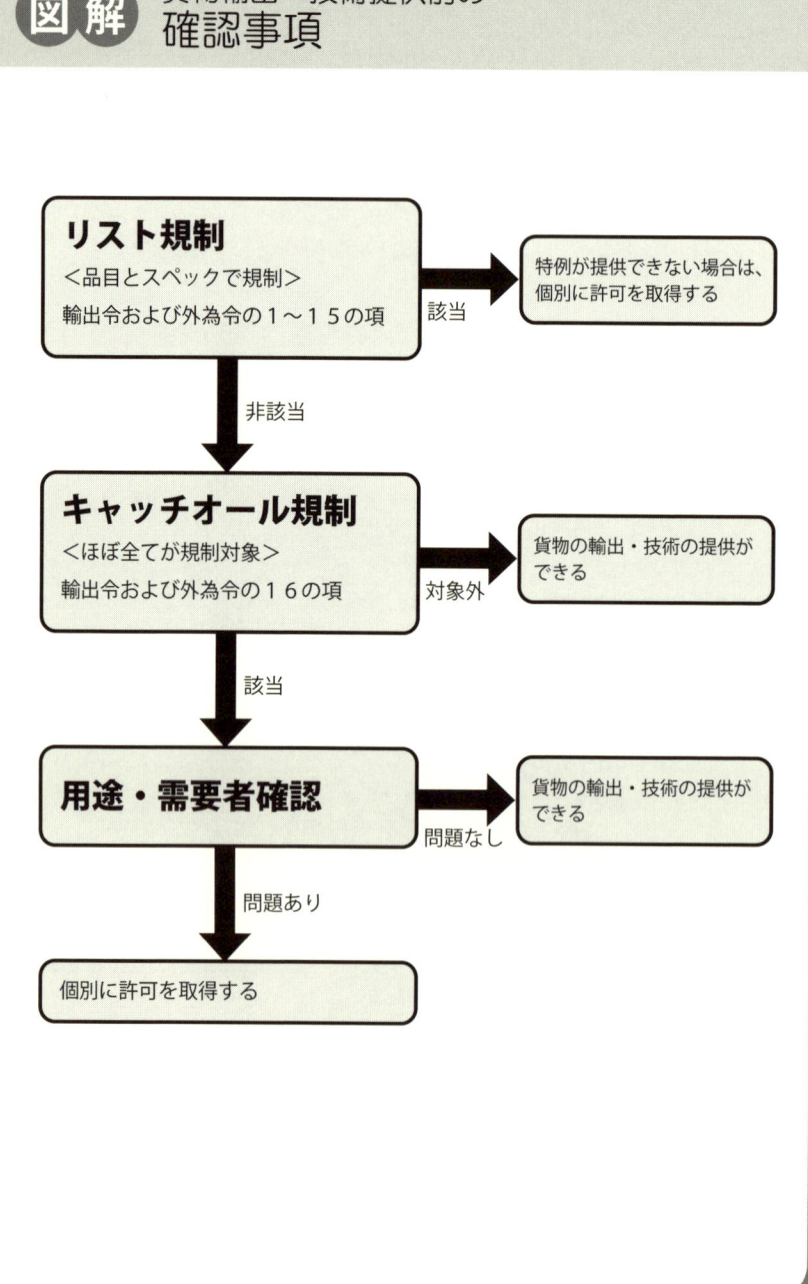

リスト規制
＜品目とスペックで規制＞
輸出令および外為令の1〜15の項

→ 該当 → 特例が提供できない場合は、個別に許可を取得する

↓ 非該当

キャッチオール規制
＜ほぼ全てが規制対象＞
輸出令および外為令の16の項

→ 対象外 → 貨物の輸出・技術の提供ができる

↓ 該当

用途・需要者確認

→ 問題なし → 貨物の輸出・技術の提供ができる

↓ 問題あり

個別に許可を取得する

4-4 技術提供時の対応法

この4-4では技術者の皆さんが間違えやすい技術提供に対する規制に特化して説明していきたいと思います。

4-4-1 技術の規制は貨物の規制よりなぜ厳しいのか？

輸出管理における「技術」の定義は4-2-3で示した通り、『貨物の設計、製造又は使用に必要な特定の情報をいう。この情報は、技術データ又は技術支援の形態で提供される』です。

そのため、「技術」は対象貨物に対する技術として該非判定されます。つまり、対象貨物の判定結果を確認し、その該非によって技術判定の項番が変わります。これを図で表すと図4-4-1の通りです。

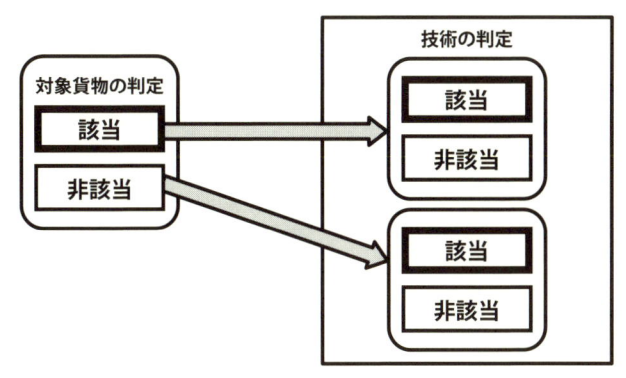

図4-4-1 対象貨物の判定と技術の判定の関係

対象貨物が「該当」の場合に技術の判定が「該当」と「非該当」に分かれることは、高スペックの貨物に関係する技術であっても、対象貨物を該当にするのに役立たない技術があることを考えれば当然です。

しかし、対象貨物が「非該当」の場合であっても技術の判定が「該当」になる場合があるのです。

つまり、「技術」提供の規制は、「貨物」輸出の規制よりも厳しいのです。

では、なぜ厳しいのでしょうか？

それは**表4－4－1**に示すような貨物と技術の特性の差によるためです。

表4－4－1　貨物の特性と技術の特性

貨物の特性	技術の特性
間違って輸出した貨物は送り返してもらえば取り戻せる	間違って提供した技術は原本を取り戻してもコピーを残される
貨物を複写するのは難しい	技術（例えば図面やソフト）をコピーするのは簡単
貨物の輸出の手段は限られる	技術の提供の手段は、手渡し、メール、電話、会議、研修、など多岐に渡る
貨物の輸出は物理的な移動を伴う	技術は日本に来ている非居住者との打合せでも提供になる
貨物の輸出は組織的な手続が必要	技術は技術を持っている全ての人が提供者となり得る

（吹き出し）来週、中国の工場からこの設備の操作方法を勉強しに来るんで、対応頼むで〜

（吹き出し）この設備の使用技術は該非判定済んでるんですか？僕が法令違反になるんはイヤですよ！！

4－4－2　技術提供の規制対象とは？

どのような技術提供が規制されるのでしょうか？

次の（1）または（2）のいずれかに合致していれば規制対象になります。

（1）相手（提供先）に関する規制

「居住者」から「非居住者」への技術提供が規制されます。これは、国境を超える技術提供に限らず、国内での技術提供にも適用されます。

（2）提供場所に関する規制

技術を海外で提供するために持出す（**表4－4－2参照**）場合は、技術を海

外に持ち出す前に該非判定を済ます必要があります。もちろん該当の場合は経済産業大臣の許可を取得しなければいけません。

これは「居住者」、「非居住者」の両方に適用されます。

なお、海外に技術を持出した場合でも、自分だけで、その技術を使用し、誰にも提供しない場合は、規制の対象外となります。

表4－4－2　提供手段のあれこれ

> 手渡し、掲示板、メール、もらった技術を返却する（オウム返しでも技術提供です）、身振り手振り、口答、現地で機械を修理するところを見せる、日本で研修、出席者限定の講演会、一般見学コース以外の工程見学コースを見せるなど、さまざまな手段があります。
>
> 要は技術提供は、手段による限定はなく、全ての提供手段が規制の対象になります。

表4－4－3　居住者と非居住者

居住者	日本に住居する日本人、入国後6か月以上経過した外国人、日本にある事務所に勤務する外国人、日本にある日本法人・外国法人の支店など
非居住者	外国に住居する外国人、外国に2年以上滞在する日本人、外国の事務所に勤務する日本人、外国にある外国法人、日本法人の外国支店など

4－4－3　誤りやすいケースと正しい対応

ここでは、実際に生じるケースについて順にみていきましょう。仕事をしていて対応に迷ったら、似たようなケースがないか確認しましょう。

ただし、このようなケースであっても、「判定結果が非該当」もしくは「該当と判定後に、経済産業大臣の許可を取得している」場合は問題ないことを付け加えておきます。

①NDA（秘密保持契約）を結んでいたら大丈夫？

いいえ。

NDAは会社間の契約であって、法令での規制は全く別の枠組みです。

NDAを結んでいても技術提供は規制の対象となります。

②海外工場の自社社員に技術研修をする場合に、日本で行うなら大丈夫？
　いいえ。
　日本で行う技術提供であっても、居住者から非居住者への提供は規制対象です。

③日本に来た出張者に技術教育をしたが、出張者が出国するまでに該非判定すればよい？
　いいえ。
　技術教育を実施した時点で技術提供であり、それまでに該非判定を完了しなければいけません。

④相手が日本人なら、海外工場とＴＶ会議をしても大丈夫？
　いいえ。
　相手が日本人でも、海外の事務所（工場など）に勤務している場合は、非居住者となり、居住者から非居住者への技術提供が規制対象となります。

⑤貨物に内蔵しているプログラムなら貨物判定だけで輸出してもよい？
　いいえ。
　貨物に内蔵されているプログラムも技術の範囲に含まれます。たとえ、コピーや書換えができない場合でも、技術の該非判定が必要です。

⑥技術資料を見せるだけで回収すれば技術提供したことにならない？
　いいえ。
　技術資料の物理的な受け渡しがなくても、見せることによって、相手に対する技術提供が行われています。資料を見せる前に該非判定を完了する必要があります。

⑦相手が知っている内容なら、技術提供しても大丈夫？
　いいえ。
　技術提供の規制は、技術が出ることを規制しています。従って、受け取る相

手が知っているかどうかは関係ありません。

⑧サーバーに技術データを入れておき、海外工場と情報共有するのは相手がいつ見るかわからないから大丈夫？
いいえ。
海外から閲覧可能な状態で、サーバーに保存した時点で、技術提供することを意図した行為と判断されます。

⑨電話で海外工場の設備のトラブルにアドバイスするのは、口答だけなら問題ない？
いいえ。
口答だけでも技術提供になります。

⑩相手が居住者であれば、その後、海外で技術提供することを知っていても問題ない？
いいえ。
日本国内での居住者に対する技術提供はそれ自体は規制の対象になりませんが、提供した技術が最終的に海外で提供されることを知っていた場合は、規制の対象になります。

⑪工程監査で、外国人の顧客に工程を見せるが、見せるだけなら技術提供にならない？
いいえ。
工場見学などで、一般の人に公開している範囲は公知の技術の扱いになりますが、工程監査では工場見学のコース以外も見せる場合がほとんどです。一般に公開されている範囲以外については、技術の該非判定が必要です。

⑫研修前に研修テキストの該非判定を済ませたら研修時の質問に全て答えることができる？
いいえ。
該非判定が完了しているのは、あくまで研修テキストの範囲です。これを超える部分は別途、該非判定が必要です。実際には、後日、該非判定後に回答することになります。このような事態を避けるためには、研修前に研修テキスト

だけでなく、周辺の技術についても該非判定することをお勧めします。

⑬技術の対象貨物が存在していなければ、技術の該非判定が不要？
　いいえ。
　技術の対象貨物が存在しない状態で、技術だけが存在する例は意外に多いです。例えば、製作前の設備の図面などです。この場合は、貨物のスペックで貨物の該非判定を行い、その貨物の技術として判定をしてください。

　こうして、それぞれのケースを見ていくと、どのケースも技術者が正しく認識していなければ間違ってしまうものばかりです。技術提供規制を正しく理解することによって、法令を遵守して業務を遂行してください。

4-4-4　実務で生じやすいケースでの正しい対応例

(1) 海外からの研修生を受け入れる場合

　海外から研修生が来日し、研修を受けるケースでは、提供する技術の該非判定をすることは勿論のこと、技術の対象貨物の該非判定をしなければいけません。この対象貨物の該非判定が済んでいないために慌てる例が多いです。

　技術の該非判定の方法は4-2-3で説明しましたが、技術の判定に際しては対象貨物の判定結果が必要になります。

　図4-4-2に示すようなスケジュールを立てて該非判定を進めてください。（「エビデンス」は4-3-1⑥を参照してください。）

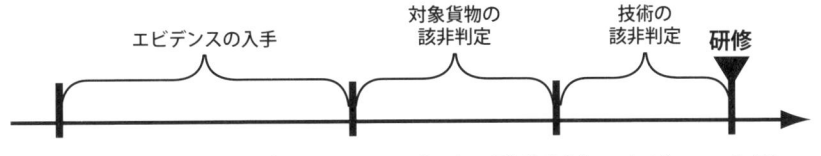

図4-4-2　研修生受け入れのための該非判定スケジュール例

(2) 海外拠点に生産を移管する場合

　海外に生産拠点（または生産ライン）を移管する場合、貨物（設備、設備部品、製品材料など）の輸出の他に、技術ドキュメント（製造規格類、図面、部材仕様書など）の送付や研修生の来日教育が発生します。

　技術ドキュメントは現地の言語に翻訳する都合上、早期の送付が求められますし、研修生の来日教育は製品知識、製造ノウハウ、部材知識、設備操作方法

など、多様な研修カリキュラムを組むことになり、研修の開始は早くなりがちです。

図4－4－3に大まかなスケジュールのイメージを示しました。

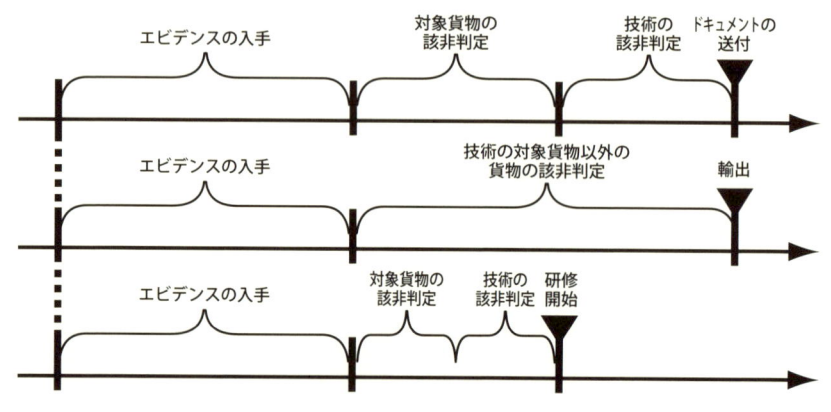

図4－4－3　生産移管のための該非判定スケジュール例

図4－4－3の中で「エビデンスの入手」、「貨物の該非判定」、「技術の該非判定」が複数回書いてあります。当然のことですが、同じエビデンスを2回入手する必要はありませんし、技術判定のために行った対象貨物の判定を貨物の輸出の時に使用することができます。

また、該非判定が完了した貨物や技術は非該当であれば、他の貨物や技術の判定を待つことなく輸出・提供が可能です。

輸出管理はこれまで、あまり身近でなかったかもしれません。しかし、これからのグローバル化の中で、法令違反を犯さないためには必ず身につけるべき知識なのです。

図解 技術提供時の対応法

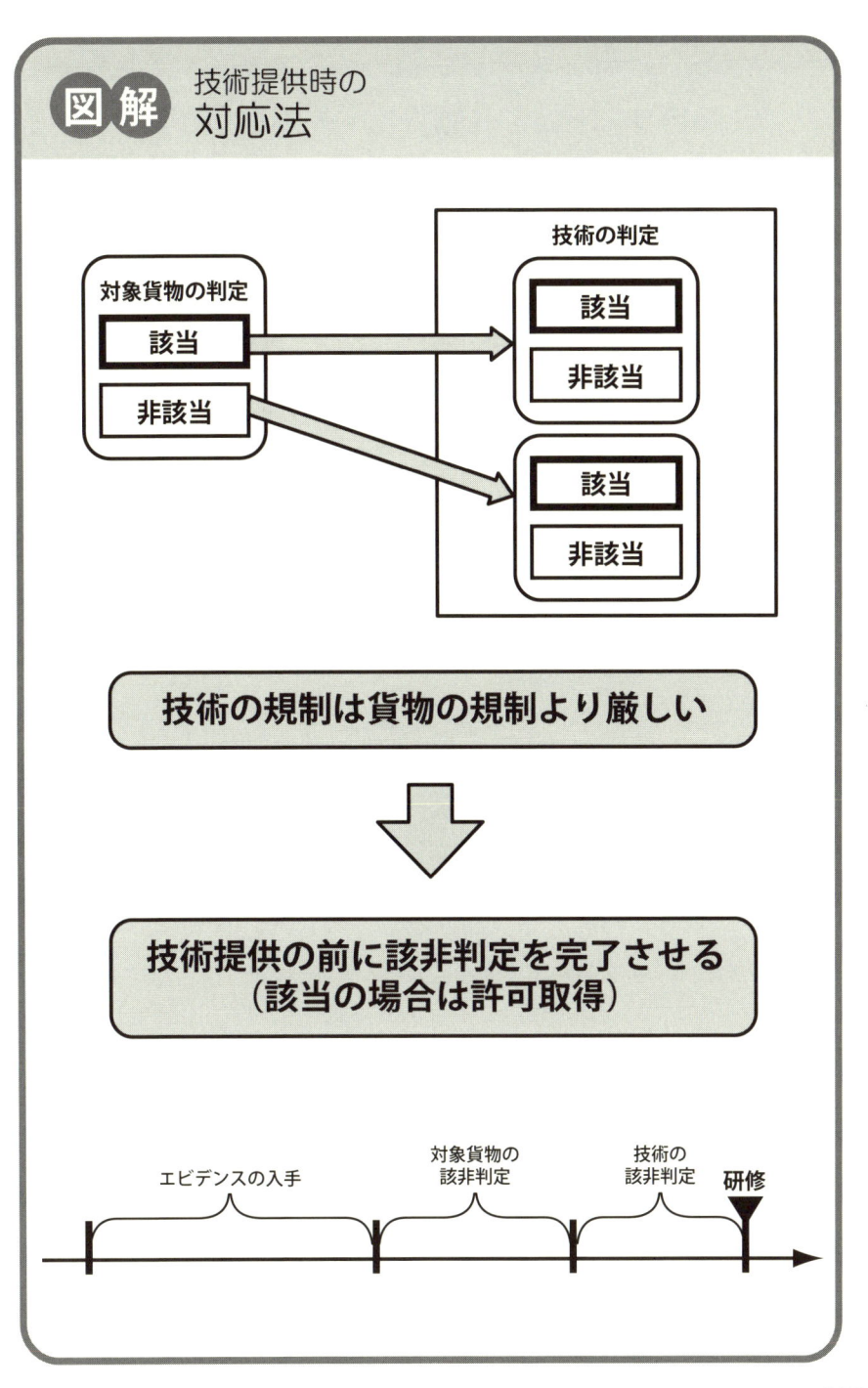

対象貨物の判定
- 該当
- 非該当

技術の判定
- 該当
- 非該当
- 該当
- 非該当

技術の規制は貨物の規制より厳しい

⇩

技術提供の前に該非判定を完了させる
（該当の場合は許可取得）

エビデンスの入手 → 対象貨物の該非判定 → 技術の該非判定 → 研修

第4章 海外対応（海外展開、輸出管理）、そんなんじゃダメですよ！

153

> ★ ★ ★ 今日はここまで ★ ★ ★
品目リストは、先端貨物・先端技術か？

　品目リストは、ハイスペックの貨物・技術ですと説明しました。しかし、国際レジームは1年に1回の内容見直しです。また、最先端の技術は常に技術者の頭の中にあるものです。

　このように考えてみると、品目リストはハイスペックの貨物や技術のリストではあるが、必ずしも最先端ではないということがわかります。

　では、最先端の貨物や技術はどのように保護すればよいのでしょうか？

　貨物は、物理的な移動を伴うことから、組織的に保護できます。しかし、技術は、提供の手段が多岐に渡ることから、最終的には技術者各自の判断による範囲が残ることになります。

　ここで、再び、技術者倫理の登場となります。（この章の『ちょっと休憩』を参照してください）

　最先端の技術が、適正に（平和のために）使われ、健全に発展してくためには、技術者の倫理観が不可欠なのです。

　我々技術者は、技術が社会全体へ多大な影響を与えることを自覚し、日々倫理観の向上に努めていきましょう。

第 5 章
労働安全衛生、そんなんじゃダメですよ！

この章では、機械技術者として関わる労働安全衛生について、労働安全衛生法の概要からはじめ、設計段階〜製造・設置までの労働安全衛生法の関係及び正しい対応を説明します。対応法については実際の災害事例を交えることで、わかりやすくお話します。

CHAPTER 5

機械技術者にも
「ならぬことはならぬものです」があるんじゃ！
（會津藩日進館「什の掟」より）

- 機械でも建設業！
- 5−1. 機械技術者と労働安全衛生の関わり
- 5−2. 設計段階〜製造・設置までの労働安全衛生に関わる法的関係
    【ちょっと休憩】助長罪（幇助罪）
- 5−3. 労働安全衛生の正しい法的対応
- 5−4. これからの労働安全衛生対応
    【今日はここまで】マニュアルの恐ろしさ

機械でも建設業！

G田：「A雄、この施工計画どう思う？　ふん^(∞)^=3　」

　2ヶ月前に1式の機械装置の設計を完了させた。A雄が今まで設計してきた機械装置とは違い、随分と大型な機械装置だ。A雄はこの機械装置の客先工場における据付設置の施工計画書を見せられて、G田から質問されたのだった。
　今回、設計した機械装置は幅が7m、長さが12m、最大高さが7mあるもので、A雄の会社の工場で一度組み立てて、試運転を行う。そして分解して客先工場へトラック輸送するものだ。客先工場における機械装置の据付設置はちょっとした建設工事のようになる。

A雄：「これって、もう建設工事みたいですね。」
G田：「A雄！ふん^(∞)^=3何を言ってるねん！これはちゃんとした建設業の機械器具設置工事やちゅうねん！」
A雄：「G田さん！ちちちょっと近いですって！鼻息が僕の耳にかかってますって！」

　G田はA雄にかなり近づいて話したため、荒い鼻息がA雄の耳にかかったのだ。

そうや！でもなぁ、大きいからとはちゃうで！

機械でも、建設工事なんですか？

156

A雄：「機械装置でも建設なんですか？」
G田：「そうや！ ^(∞)^ =3=3=3　機械の設置でも建設にあたるもんがある。^(∞)^ =3=3=3　例えば工作物と一体化することで性能を発揮するもん、エレベータなんかの設置は建設業や！　^(∞)^ =3=3=3　」

　いつも鼻息が荒いG田だが、今回、身振り・手振り付きで説明するG田はいつもの3倍は鼻息が荒いように感じるA雄だった。

A雄：「でも、今回の機械装置はエレベータとは違いますよ。」
G田：「今回のんは、それ自体が工作物とみなされるプラントの一部なんでふん^(∞)^ =3=3=3　プラント設置工事にあたるらしいんや　ふん^(∞)^ =3=3=3」
A雄：「らしいって、G田さんもよく知らないんじゃぁ・・・鼻息もいつもの3倍も荒いし。」

　G田はよく知らないことを話すとき、鼻息が荒くなる癖がある。A雄の課内では有名な話である。

G田：「ふん^(∞)^ =3　建設業における機械器具設置のことはよくわからんから、また調べとくワ。」

技術者は多くのことを知ってなアカン！

だから勉強熱心なのも技術者に必要な資質のひとつなんですね。

そして、G田はよく知らないことをスグに自白するのである。これも課内では有名な話である。また知らないことはスグに調べたりする勉強熱心でも有名である。

A雄：「建設業なんで、今までの労働安全衛生法の範囲と違うのはわかりますが、この施工計画書にある道路交通法なんかも関係するんですね。」
G田：「ふん^(∞)^ =3　機械装置本体をもっと分解できたらエエねんけど、そうすると強度が落ちたり、機械精度が落ちたり、現地工事が長くなったりするやろ。ふん^(∞)^ =3」

　A雄は今までの設計業務で道路交通法など気にしたことがなかった。機械装置が大きくなると、どうしても輸送のことなども注意しなければならない。

A雄：「だから、これ以上分解できないと。だから道路交通法で決められているものより、どうしても大きなるというワケですね。」

G田：「ふん^(∞)^=3　そうや！　だから、輸送するんに道路の管理者、例えば国や都道府県・市町村に申請して許可を取らなアカン。そして警察から制限外許可も取らなアカンし。ふん^(∞)^=3やっぱり、デカイだけあって、いろいろと安全には気を使わなアカンねん！」

　道路交通法で定められているモノより大きなモノを輸送する場合は、先導車が必要になったり、使用出来る道路や時間帯などもあるらしい。

A雄：「大きいから、安全に気を使わないとダメって、まるでG田さんみたいですね。」

大きいものは、それだけ危険だし、注意も必要なの。

どこぞの
G田さんみないな。

5-1 機械技術者と労働安全衛生の関わり

5-1-1　労働安全衛生とは？

　労働安全衛生というと、いわゆる労働災害を起こさないことというのが一般的です。労働安全衛生には、それを取り締まる法律があります。労働安全衛生法（昭和47年6月8日法律第57号・以下、安衛法という。）です。その法律の第一条に「目的」が記されています。

　　労働災害防止のための
　　　①危害防止基準の確立
　　　②責任体制の明確化
　　　③自主的活動の促進
　　　④快適な職場環境の形成
　安衛法は、「労働災害」を起こさせないための規制なのです。

　では、労働災害とは、何でしょう。この定義も安衛法の第二条に記されています。
　労働者の就業に係る建設物、設備、原材料、ガス、蒸気、粉じん等により、又は作業行動その他業務に起因して、労働者が負傷し、疾病にかかり、又は死亡することをいう。
　つまり、「不安全な状態」と「不安全な行動」が原因で、負傷等することをいいます。
　特に、この二つが重なったときに80パーセントの確率で労働災害は起きると言われています。
　まず、「不安全な状態」についてですが、職場は我が家ほど安全ではありませんね。多くの職場には、我が家にはそれほどないものがあります。それは、「鉄」です。
　鉄製のもの。まず、機械です。それから、建物のドア・デスク・・・そうそう、自動販売機もあります。
　つまり、我々は、職場で「鉄」に囲まれているのです。

また、「不安全な行動」についてですが、その代表例は「近道」です。

　安衛法が施行されたのは、昭和47年です。そのころ、筆者は小学生で、九州の小倉に住んでいました。舗装されている道路が少なかった時代です。小学校が決めていた登下校道は、舗装されている道なのですが、この道が家から学校まで遠回りなのです。実は、最短コースの道路があるのですが、舗装されていません。

　ある雨天の日、近道して家に帰っていました。トラックが横を通過した瞬間です。全身ずぶ濡れになりました。なぜなら、舗装されていない道ですから、雨天の日には、必ずといっていいほど、水溜りが道路上にできていて、そこをバンバン、トラックが通って行くのです。

　つまり、小学校は、そのことを知っていて、舗装している道を登下校道に指定しているわけです。

　この事例を今までの説明に当てはめますと、

①小学校が決めていた登下校道は、安衛法の「危害防止基準」です。
②舗装されていない道（近道）にトラックが通ることは、「不安全な状態」です。
③舗装されていない道（近道）を通ったことは、「不安全な行動」です。
④舗装されていない道（近道）を通った時に、トラックが通ることは、「不安全な状態」と「不安全な行動」が重なった状態です。
⑤全身ずぶ濡れになったことは、労働災害です。

こう考えると全身ずぶ濡れという「労働災害」に合うのは当たり前です。

表5−1−1　不安全の事例

一、機械の安全カバーを、安全ブロックを使用せずに開閉していて、はさまれる。
二、高所のメンテナンス作業で墜落する。
三、安全通路にはみ出た設備と接触する。
四、フォークリフトの稼動範囲に入って、衝突する。
五、階段で重い荷物を運搬していて腰痛を起こす。　　　　　等・・・。

ところで、大人になったら自制心が働いて、そんな「近道」をしないかとい

うと、とんでもない話で、我々は絶えず仕事上で「近道」をしているのです。なぜなら、組織（会社）から仕事の「効率化」を求められています。「効率化」と「近道」は違うということは、わかっているのですが、打ち出の小槌を持っているわけではないので、ついつい「近道」をしてしまうのです。例えば、前の図面の使えるところを使っていこうとか・・・・。

ところが、これがついつい習慣化して、そのままコピペして使用し、修正をまったくしないという、手順の「省略行為」が始まるのです。

これって、罰せられる最初の1歩ですよ。

5－1－2　危害防止基準とは何？

労働安全衛生法第3条（事業者の責務）の第1項に「事業者は、単にこの法律で定める労働災害の防止のための最低基準を守るだけでなく・・・」と記されています。

つまり、事業者が労働災害の防止のために守らなければならない最低基準が、危害防止基準です。

具体的に言うと、労働安全衛生法の下にある政令・規則です。

表5-1-2　労働安全衛生関係法令（抜粋）

- 労働安全衛生法施行令
- 労働安全衛生規則
- ボイラー及び圧力容器安全規則
- クレーン等安全規則
- ゴンドラ安全規則
- 有機溶剤中毒予防規則
- 鉛中毒予防規則
- 四アルキル鉛中毒予防規則
- 特定化学物質障害予防規則
- 高気圧作業安全衛生規則
- 電離放射線障害防止規則
- 酸素欠乏症等防止規則
- 事務所衛生基準規則
- 粉じん障害防止規則
- 石綿障害予防規則

その他に、構造規格・○○規格等があります。

これらを、機械技術者として、しかも「最低基準」として守らなければなりません。

「こんなの労働安全衛生の専門家（例：労働安全コンサルタント等）じゃないとわからない。」こんな声が聞こえてきそうですが・・・・・

刑法第38条（故意）の第3項に、「法律を知らなかったとしても、そのことによって、罪を犯す意思がなかったとすることはできない。」と記されていますし、同じく刑法第211条（業務上過失致死傷等）の第1項に「業務上必要な注意を怠り、よって人を死傷させた者は、5年以下の懲役若しくは禁固又は100万円以下の罰金に処する」と記されています。

つまり、法律を知らなくて、罪を犯す意思がなくても業務上（つまり、仕事上）必要な注意を怠って、人を死傷させた者は、罪となり罰せられます。

5-1-3　責任体制の明確化とは何？

労働災害の防止は、機械技術者一人ではできません。組織全体で防止しないと、組織全体で動かないと、労働災害は防止できないのです。しかし、組織（会社）は、よく勘違いを起こします。それも大きな組織（会社）になればなるほど・・・。

それは、大きな組織（会社）になると、「安全担当者」等の専任のスタッフを置いて、君の仕事は「安全管理」のみだから、すべての「安全」は君がやる

んだと・・・。

つまり、「まかせる」のではなく、「おしつける」のです。

ここで、50人の組織（会社）の一般的な責任体制を説明しよう。
ライン型とスタッフ型の責任体制があります。

①ライン型
　まず、ライン型です。（図5－1－1を参照してください。）それぞれ、実務と安全衛生を兼務する体制です。利点は、実務の実行者が、安全衛生の管理者を行うので、機能すれば早く対応ができます。欠点は、やはり、実務が優先され「安全衛生」がおろそかになりがちです。

図5－1－1　ライン型組織図

②スタッフ型
　つぎに、スタッフ型です。実務と安全衛生を完全に分ける体制です。
　利点は、「安全衛生」がおろそかにならない。欠点は、「安全衛生」の実行者と実務の実行者が違うので機能しても対応が遅いことが多い。

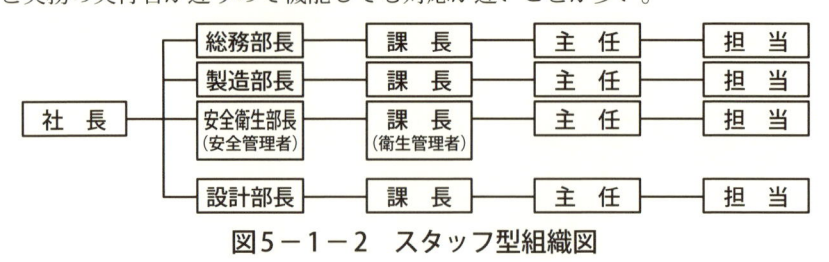

図5－1－2　スタッフ型組織図

③ライン・スタッフ型
　最後に、ライン・スタッフ型です。ライン型とスタッフ型の良いとこ取りした組織ですが、機能すれば、一番良い体制です。しかし、安全管理者・衛生管

理者・安全衛生担当が同格なため、機能しなければ、最悪の体制です。

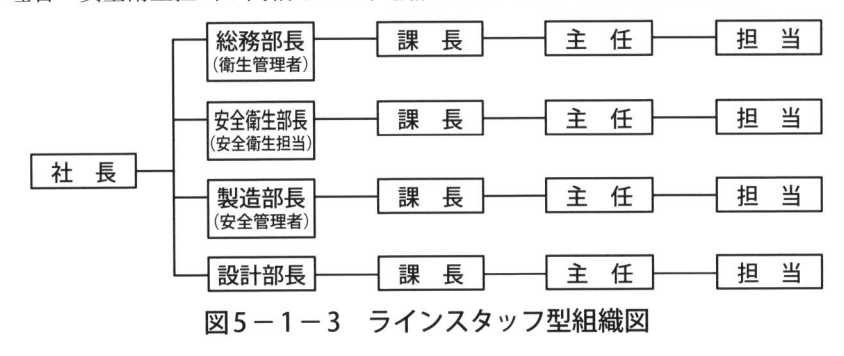

```
           ┌─ 総務部長 ──── 課 長 ──── 主 任 ──── 担 当
           │  (衛生管理者)
           │
           ├─ 安全衛生部長 ── 課 長 ──── 主 任 ──── 担 当
           │  (安全衛生担当)
社 長 ─────┤
           ├─ 製造部長 ──── 課 長 ──── 主 任 ──── 担 当
           │  (安全管理者)
           │
           └─ 設計部長 ──── 課 長 ──── 主 任 ──── 担 当
```

図5−1−3　ラインスタッフ型組織図

　小さな組織だと、ライン型が向いています。安全衛生について、実務の実行者が行うので、早く対応できるし、すぐにいき渡ります。しかし、気をつけないと、ついつい、生産第一に走りがちとなり、安全衛生がおろそかになりやすいのです。

　大きな組織だと、ライン・スタッフ型となりがちです。この場合、安全衛生の企画・立案は、安全衛生部長が行います。実施は、製造部長・設計部長・総務部長が行うのですが、製造部長・設計部長が生産第一に走り、実行がなかなか進まないことが多く、結局、安全衛生部長が肩代わりして実行したりします。

　なお、多くの組織（会社）は、総務部長を「衛生管理者」にしますが、これには無理があります。たしかに、健康管理やメンタルヘルスは総務部長の仕事ですが、製造部門の作業管理・作業環境管理の部分が欠落してしまいます。この部分は、結局、安全管理者が肩代わりしていることが多いです。

　以上、50人の組織（会社）の一般的な責任体制と利点・欠点をお話してきました。どの体制も、労働災害を防止するために、「危害防止基準」を遵守するための組織ですから、それぞれの組織（会社）に見合う型を選択しなければなりません。

> うちの会社は、ライン・スタッフ型だけど、うまくいってるかな？

> いってないですね。

④変形スタッフ型

　現実なのは、衛生管理者の役割を分けた、変形スタッフ型です。

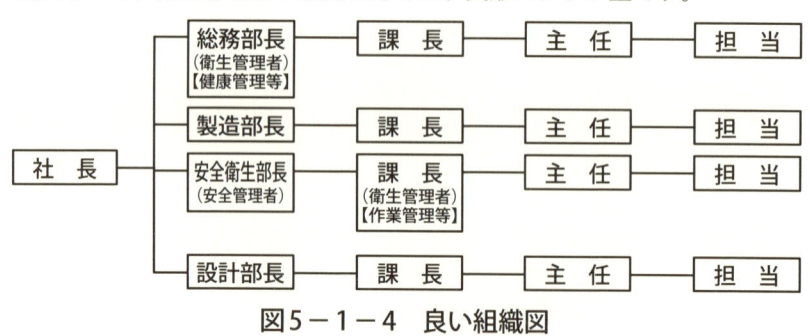

```
                ┌─総務部長──────┬─課　長─┬─主　任─┬─担　当
                │ (衛生管理者)  │        │        │
                │ 【健康管理等】│        │        │
                ├─製造部長──────┼─課　長─┼─主　任─┼─担　当
社　長──────────┤               │        │        │
                ├─安全衛生部長──┼─課　長────┼─主　任─┼─担　当
                │ (安全管理者)  │(衛生管理者)│        │
                │               │【作業管理等】│      │
                └─設計部長──────┴─課　長─┴─主　任─┴─担　当
```

図５－１－４　良い組織図

　対応が遅いという欠点はありますが、何も為されないということは避けられます。安全衛生の企画・立案が途中で頓挫することなく、実施されるからです。また、健康管理等はプライバシーの問題も出てきますから、その部分は総務部長にまかせて、後は、安全衛生のスタッフが衛生管理者の職務を行うとよいと思います。

5−1−4 自主的活動の促進と快適な職場環境の形成とは何？

　労働安全衛生法第3条（事業者の責務）の第1項に、「事業者は、単にこの法律で定める労働災害の防止のための最低基準を守るだけでなく、快適な職場環境の実現と労働条件の改善を通じて職場における労働者の安全と健康を確保するようにしなければならない。」とあります。

　これが、労働安全衛生法で定める自主的活動を通じた、快適な職場環境の形成を事業者に求めた条文です。ところが、快適な職場環境の形成といっても、打ち出の小槌があるわけでなく、お金（予算）も少ないし、なかなかできるものではないのが現状です。

　しかし、「自主的活動の促進」はどんどんできるのです。なぜなら、自主的活動なので、お金（予算）を掛けなくてもできることが一杯あるからです。
　その代表例が、製造現場で行われている「危険予知活動（KYK）」です。
　労働災害は、不安全な状態に近づいていって、その中に入ったときに起こるものです。
　言い換えれば、不安全な状態に近づかなければよいのです。
　例えば、動物園のトラを見に行ったとき、檻の中にトラがいるから、安心してトラを檻の外から見ることができます。もし、檻がなかったら、すぐに襲われるかもしれません。サファリパーク等でも、車の窓を開けていて、襲われることがあります。これは、不安全な状態に完全に入ってしまったことで、襲われた、つまり、災害となってしまったわけです。

　普段の生活では、危険予知をしながら生活しています。例えば、朝のテレビで天気予報を見るのは、その時は晴れていても、雨が降るかどうか確認するためです。傘がなければずぶ濡れになるからです。
　また、自動車の運転もそうです。運転中にバックミラー・サイドミラー・左右前後、首を振りながらよく見て運転しますよね。なぜですか？追突したくない・追突されたくない・人をはねたくない等のためですよね。これって、立派な「危険予知活動」なのです。そして、だれに言われることなく行うわけなので、「自主的活動」なのです。

ところが、これが「仕事」になるとやらないのです。なぜなら、組織（会社）は、仕事の効率化を絶えず求めています。それでなくとも個人がかかえる仕事はかなり多いので、仕事をこれ以上増やしたくないと考えることは普通です。そして製造現場は、自動車の運転と違い、状況の変化が無いと言ってよいほどです。このため人間の本能として、危険予知をやめてしまうのです。
　しかし、製造現場は、家ほど安全ではありません。危険予知をやめてしまうと、不安全な状態の中にすぐ入ってしまって、災害に「こんにちは」と出会ってしまう。

　是非に、自主的活動として危険予知活動を行って、災害の防止に努めていただきたいと思います。そして、毎日、危険予知活動という自主的活動を行っていると、だんだん、快適な職場環境が形成されていくのです。

図解 機械技術者と労働安全衛生の関わり

```
┌─────────────────────┐
│  労働安全衛生関係法令  │
└─────────────────────┘
           ↓
┌─────────────────────┐
│      危害防止基準      │
└─────────────────────┘
           ↓
┌─────────────────────┐
│       責任体制        │
└─────────────────────┘
           ↓
┌─────────────────────┐
│    自主的活動の推進    │
└─────────────────────┘
           ↓
┌─────────────────────┐
│  快適な職場環境の形成   │
└─────────────────────┘
```

5-2 設計段階～製造・設置までの労働安全衛生に関わる法的関係

5-2-1　業務上、法令はどう関わっているか。

　法的関係は、労働安全衛生関係法令が主体となります。刑法第211条（業務上過失致死傷等）も関連します。

　機械に関する労働安全衛生法令は、労働安全衛生法第5章第一節の機械等に関する規制で、第37条から第54条の6に主に記されています。

　なお、元方事業者としての義務は、第29条（元方事業者の講ずべき措置等）、第30条の2（製造業等の元方事業者等の講ずべき措置等）に記されています。

> **元方事業者**：当該事業の仕事の一部を請け負わせる契約が二以上あることとなるときは、当該請負契約のうちの最も先次の請負契約における注文者（安衛法 15条）

図5-2-1　元方事業者の定義

- 20条　　（事業者の講ずべき措置等）
- 37条　　（製造の許可）
- 38条　　（製造時等検査等）
- 39条　　（検査証の交付等）
- 40条　　（使用等の制限）
- 41条　　（検査証の有効期間等）
- 42条　　（譲渡等の制限等）
- 43条　　（譲渡等の制限等）
- 43条の2　（譲渡等の制限等）
- 44条　　（個別検定）
- 44条の2　（型式検定）
- 44条の3　（型式検定合格証の有効期間等）
- 44条の4　（型式検定合格証の失効）
- 45条　　（定期自主検査）
- 47条　　（製造時等検査の義務等）
- 53条の3　（登録性能検査機関）
- 54条　　（登録個別検定機関）
- 54条の2　（登録型式検定機関）
- 54条の3　（検査業者）
- 54条の4　（検査業者）
- 54条の5　（検査業者）
- 54条の6　（検査業者）

図5-2-2　機械技術者に関係する主な安衛法条文

　また、機械の設置は、後述する「機械器具設置工事」に該当する場合があり、これは、製造業ではなく建設業となります。

5-2-2　設計段階での関わり

　労働安全衛生法にどんな罰則があるかご存知ですか？
　一番きつい罰則は、懲役7年です。業務上過失致死罪の懲役5年より重い？そう、重いのです。

> あなた、ボーとしてると刑務所に行くことになるよ。

> 刑務所？

　では、どんな罪条で懲役刑になるかというと、労働安全衛生法　第115条の2（罰則）に記されています。

　　製造時検査・性能検査・個別検定で、
　　　1. 登録性能時等検査機関
　　　2. 登録性能検査機関
　　　3. 登録個別検定機関
　　　4. 登録型式検定機関

の役員・職員が賄賂を収受・要求・約束し、不正行為等が行われたときです。なお、収受・要求・「約束」のみであった場合でも、懲役5年です。

　これは、検査・検定機関の役員・職員が職務に関し、賄賂の収受・要求をしたときの罰則ですが、贈賄する側（機械技術者等）はどうなるかというと、賄賂を供与・「申込」・約束をした者は、懲役3年です。
　このように、検査・検定機関の役員・職員に対して、賄賂を供与等した者に対する罰則であります。
　ここで、気をつけなければならないのは、実際に贈賄が行われなかったとしても、贈賄する側（機械技術者等）は、「申込」をしただけで、「罪」になるということです。
　また、検査・検定機関の役員・職員は、実際には贈賄が行われなかったと

き、「約束」しなければ罪にならないということです。（ライバル組織にハメラレナイ？ように要注意です。）

　その次に「罪」が重いのは、
1. 製造の許可　（安衛法　第37条　第1項）
2. 個別検定　　（安衛法　第44条　第1項）
3. 型式検定　　（安衛法　第44条の2　第1項）

の必要な機械で、許可・検定を受けなかった場合に、懲役1年となります。

　また、譲渡等の制限（安衛法　第43条）では、
「動力により駆動される機械等で、作動部分上の突起物又は動力伝導部分若しくは調速部分に省令で定める防護のための措置が施されていないものは、譲渡し、貸与し、又は譲渡若しくは貸与の目的で展示してはならない。」とあります。
　これを怠った者は、なんと懲役6カ月です。つまり、駆動部の安全カバー等に関する違反は、罰則が厳しいのです。
　ところが、プレス機械で、プレス部に安全カバーを設置すると作業性が低下するため、安全カバーを設置せずに、エリアセンサを設置する場合がよくあります。それはそれで、良いのですが、このエリアセンサの電源を機械本体と別物にしていることがよくあります。これは、安全カバーがないのと同じとなり、こんな設計をしていると「刑務所」行きになるかもしれません。

5－2－3　製造段階での関わり

　製造段階では、まず、安衛法第20条（事業者の構ずべき措置）です。「事業者は、次の危険を防止するため、必要な措置を講じなければならない。」とあります。

一、　機械、器具その他の設備による危険
二、　爆発性の物、発火性の物、引火性の物等による危険
三、　電気、熱その他のエネルギーによる危険

　この中で、まず、「引火性の物等」の「等」には、何があると思いますか？それは、以下の物です。
　「酸化性の物」「可燃性のガス」「粉じん」「腐食性液体（例：硫酸）」

　また、「その他のエネルギー」には、「アーク等の光」「爆発の際の衝撃波」があります。

　これらで、労働災害を出すと、事業者は、最高懲役6カ月になります。具体的には、以下の省令（図5－2－3）に記載されています。

```
・労働安全衛生規則　第2編　安全基準
    第1章      機械による危険の防止        第4章    爆発・火災等の防止
    第1章の2   荷役運搬機械等              第5章    電気による危険の防止
    第2章      建設機械

・ボイラー及び圧力容器安全規則
    第2章      ボイラー                    第4章    第二種圧力容器
    第3章      第一種圧力容器              第5章    小型ボイラー及び小型圧力容器

・クレーン等安全規則
    第2章      クレーン                    第6章    建設用リフト
    第3章      移動式クレーン              第7章    簡易リフト
    第4章      デリック                    第8章    玉掛け
    第5章      エレベータ

・ゴンドラ安全規則
```

図5－2－3　機械技術者に関係する具体的省令

肝心なのは、以下の規則です。

安衛則　第101条（原動機、回転軸等による危険の防止）

「事業者は、機械の原動機・回転軸・歯車・プーリー・ベルト等の労働者に危険を及ぼすおそれのある部分には、覆い・囲い・スリーブ・踏切橋等を設けなければならない。」とあります。

ここでいう「踏切橋等」の「等」には、柵が含まれます。

上記101条は、使用者側の規則ですが、安衛法43条でも「動力伝導」部分に覆い又は囲いを設けなければ譲渡してはならないと記されており、製造者側にも規則があります。

つまり、安全カバーについては、「使用者」と「製造者」両者に義務付けられているのです。

この違反も、最高懲役6カ月です。

設計図どおり、製造すればよいと思っていると、もし、安衛法に設計が違反していたら、そのとおり製造した者も罰せられるかもしれません。

製造者側から設計者側へのフィードバックも忘れずに行いたいものです。

5-2-4　組立・設置段階での関わり

今までは、「製造業」としての話でしたが、場合によっては、「建設業」に該当する場合があります。まず、「建設業」に該当する場合を記します。

「機械器具設置工事業」

機械器具の組立て等により工作物を建設し、又は、工作物に機械器具を取付ける工事をいいます。

```
1. プラント設置工事
2. 内燃力発電設備工事
3. 集塵機器設置工事
4. トンネル・地下道の給排水機器設置工事
   【参考：建築物の給排水機器設置工事は
   「管工事」に該当する】
5. 揚排水機器設置工事
6. ダム用仮設備工事
7. 遊戯施設設置工事
8. 舞台装置設置工事
9. サイロ設置工事
10. 立体駐車設備工事
11. 運搬機器設置工事
    （昇降機設置工事）
```

図5-2-4　機械器具設置工事の内容

これらに該当するときは、**図5－2－5**の条文が追加されます。

```
・21条      （事業者の構ずべき措置等）
・22条      （事業者の構ずべき措置等）
・29条の2   （建設業に属する事業の元方事業者の構ずべき措置等）
・30条      （特定元方事業者【建設業と造船業】の構ずべき措置）
・31条      （注文者の構ずべき措置）
・31条の3   （注文者の構ずべき措置）
・31条の4   （違法な指示の禁止）
・32条      （請負人の構ずべき措置等）
```

図5－2－5　機械器具設置工事技術者に関係する主な安衛法

21条・22条・31条の違反も、最高懲役6カ月です。

ここで、重要なのは、法の特徴があって、同じことを行っても、元々の仕事が、「機械器具設置工事」に該当するか、「製造業」に該当するかで、「建設業」か、「製造業」か決まるということです。

具体的にいうと、プレス機械の納品があって、その納品先が「工場」なのか「プラント設置工事」現場なのかによって、決まるということです。

機械の納品先が、どこなのか？よく調べてから納品に行かないといけません。言い換えると、いつもの納品と思っていると「え！」というようなことが起こり、納品先が「工場」だったら罰せられないのに、「プラント設置工事」現場だったら罰せられるということが、あなたの身に起こるかもしれません。これが、法の特徴なのです。

図解 設計段階〜製造・設置までの労働安全衛生に関わる法的関係

```
        ┌─────────────────┐
        │    元方事業者     │
        └─────────────────┘
                 ↓
        ┌─────────────────┐
        │ 設計段階での係わり │
        └─────────────────┘

          ↑  ↓    ┌─────────────┐
                  │ フィードバック │
                  └─────────────┘

        ┌─────────────────┐
        │ 製造段階での係わり │
        └─────────────────┘
                 ↓
        ┌──────────────────────┐
        │ 組立・設置段階での係わり │
        └──────────────────────┘
```

ちょっと休憩 助長罪（幇助罪）

　助長罪は、手伝うことにより罪になるということです。具体的に言うと、実行行為以外の方法により犯人に加担することをいいます。

　最近、こんな例がありました。企業で雇用されていた外国人が、不法就労で出入国管理及び難民認定法（通称：入管法）違反で逮捕されたのですが、この企業の経営者が、不法就労助長罪（入管法第73条の2　第一項　第一号：事業活動に関し、外国人に不法就労活動をさせた者）で逮捕されたのです。「不法滞在と知らなかった。」と容疑を否認しているそうですが、これは実は、容疑を否認しているのではなく、容疑を認めたことになります。

　この入管法はそういう言い訳ができないようにできていて、「（前略）～に該当することを知らないことを理由として、～（中略）～による処罰を免れることができない。ただし、過失のないときは、この限りでない。（同法第73条の2）」と、なっています。

　ですから、「不法滞在と知らなかった。」というは、不法就労助長罪になります。ちなみにどの程度の罰則かというと、「三年以下の懲役若しくは三百万円以下の罰金」です。

　この助長罪は、刑法でも幇助罪として、62条（幇助）第一項に「正犯を幇助した者は、従犯とする。」とあります。

　直接には、機械技術者として罪を犯していなくても、結果的・意図的を問わず、間接に罪を助けるとこれまた「罪」になるのです。

5-3 労働安全衛生の正しい法的対応

5-3-1 まず、法令を正しく理解することが大事です

安衛法（労働安全衛生法の略称）第43条（譲渡等の制限等）を例に理解方法を説明します。なお、罰則は、最高懲役6月です。

> 動力により駆動される機械等で、作動部分上の突起物又は動力電動部分若しくは調速部分は厚生労働省令で定める防護のための措置が施されていないものは、譲渡し、貸与し、又は譲渡若しくは貸与の目的で展示してはならない。

上記の厚生労働省令は、労働安全衛生規則（作動部分上の突起物等の防護措置）で、法43条の厚生労働省令で定める防護のための措置は、次のとおりです。

> 一、作動部分上の突起物については、埋頭型とし、又は覆いを設けること。
> 二、動力電動部分又は調速部分については、覆い又は囲いを設けること。

ここまでくると、作動部分上の突起物・動力電動部分・調速部分に対する対策が理解できます。

ところが、肝心の「作動部分上の突起物」て！何？と、みなさん思いませんか？

そうなのです。「作動部分上の突起物」て、なんとなくわかる気はするけど、得体が知れないのでモヤモヤとしてきますね。

実は、この答えがあるのです。

それは、「解釈例規」です。これは、自治体などによる条例や規則等の総称を示しますが、厚生労働省労働基準局から局長名等で都道府県労働局長等宛に出されている、いわゆる「通達」の中に記されています。

「作動部分上の突起物」とは、セットスクリュー・ボルト・キーのごとく機械の作動部分に取付けられた止め具等をいうものであること。
(昭和47年9月18日基発第602号　労働安全衛生法および同法施行令の施行について)

また、「譲渡若しくは貸与の目的で展示」には、「店頭における陳列のほか、機械展における展示等も含まれるものであること。」と記されています。

これらを統合して、安衛法　第43条（譲渡等の制限等）を読み替えると下記の通りになります。

「動力により駆動される機械等で、セットスクリュー・ボルト・キーのごとく機械の作動部分に取付けられた止め具等は、埋頭型とし、又は覆いを設けること。動力電動部分若しくは調速部分は、覆い又は囲いを設けること。そして、これらの措置が施されていないものは、譲渡し、貸与し、又は譲渡若しくは貸与の目的で、店頭における陳列のほか、機械展における展示等を行ってはならない。」となるわけです。

以上のように、法令を正しく理解するためには、法・政令・省令・通達と全て読まなければならないのです。

「通達」を読まないと、法令を正しく理解できないですよ。

うーん、難しいな！

5-3-2　こんなことが、法違反？

　先に例として挙げた、安衛法　第43条（譲渡等の制限等）に、恐しいことが記載されています。それは・・・

　「覆い又は囲いを設けていない動力機械は、譲渡若しくは貸与の目的で、店頭における陳列のほか、機械展における展示等を行ってはならない。」

　え！安衛法って、設計や製造等の労働中の災害防止のための法令じゃないの？

　原則は、そうなのですが、注意深く安衛法を読んでいくと、「え！」っていうような規制があるのです。

　元々、安衛法は、「血で書かれた条文」といわれていて、裏返すと、災害が起きた結果、その条文が出来てきた経緯があるのです。

　この「〜機械展における展示等を行ってはならない。」は、下記の事例が実際にありました。

　昭和48年7月12日　基収第3013号　通達に、「過日、当局管内において、動力により駆動される機械で、労働安全衛生法　第43条に定める防護措置が施されていないものを譲渡または貸与の目的で展示している際に、見物中の公衆がその運転により災害をこうむる事件が発生しましたが、〜（中略）〜　動力により駆動される機械等で、作動部分上の突起物または動力電動部分もしくは調速部分に法第43条の防護措置が元来施されているものであっても、参観者等に当該機械等の機構を見せるため一時的に当該防護措置をとりはずして展示する場合には、〜（中略）〜　仮設の覆い（透明なものでも可）、囲い等を設けない限り、法43条に違反するもの　〜（後略）」

　と、実際に、機械展で「参観者」がデモ機の公開試運転で、臨時に防護措置を外していて、ケガをしているのです。
　これは、どちらかといえば、刑法の「業務上過失致傷罪」の方に該当するの

ですが、「安衛法」でも取り締まっているのです。

こんなの「安全の専門家じゃないとわからない。」という声が聞こえてきそうですが、簡単な理解方法があります。

それは、「安衛法は、安全装置の未設置・取り外しに厳しい」のです。このことを覚えておけばよい訳です。設計でも、製造でも、機械設置でも、とにかく、いかなる場合も安全装置は、取り外さない・機能させる、そうでないと法は許さない、ということなのです。

安衛法には、ある概念が欠けています。それは、「お金と時間」です。言い換えれば、「製造原価と納期」です。われわれは、普段、この２つを気にしながら「仕事」をしていますね。だから、ついつい、安全装置が邪魔になってくるのです。しかし、そんな仕事をしていると、この43条違反で捕まって、最高懲役６カ月となりますから、注意が必要です。更に、「参観者」のような第三者を被災させると「業務上過失致傷罪」で最高懲役５年ですよ。

労働安全衛生法にない概念

製造原価　　納　期

5－3－3　（所轄）労働基準監督署ってどんなところ？

各都道府県の労働局によって管轄されていて、323署と４支署あります。

労働基準法等関係法令の履行を確保するための行政手法として、**表５－３－１**に示す業務を行っています。

表5－3－1　行政手法

- 事業場に対する臨検監督指導（立入り調査）
- 労災の原因調査と再発防止対策の指導
- 重大な法律違反に対する送検処分
- 使用者に対する説明会の開催
- 申告・相談への対応

労働基準監督署の所管している法律を**表5－3－2**に示します。

表5－3－2　業務の根拠法律

- 労働基準法
- 労働者災害補償保険法（労災保険）
- 最低賃金法
- 中小企業退職金共済法
- じん肺法、労働災害防止団体法
- 家内労働法
- 勤労者財産形成促進法
- 労働安全衛生法
- 作業環境測定法
- 賃金の支払の確保等に関する法律
- 労働時間等の設定の改善に関する特別措置法
- 労働契約法他

労働基準監督官とは何でしょうか？**表5－3－3**に示す法律の条文を確認しましょう。

表5－3－3　労働基準監督官の職務

労働基準法第101条1項
労働基準監督官は、事業場、寄宿舎その他の附属建設物に臨検し、帳簿及び書類の提出を求め、又は使用者若しくは労働者に対して尋問を行うことができる。

労働基準法第102条
労働基準監督官は、この法律違反の罪について、刑事訴訟法に規定する司法警察官の職務を行う。

労働安全衛生法第91条1項
労働基準監督官は、この法律を施行するため必要があると認めるときは、事業場に立ち入り、関係者に質問し、帳簿、書類その他の物件を検査し、若しくは作業環境測定を行い、又は検査に必要な限度において無償で製品、原材料若しくは器具を収去することができる。

労働安全衛生法第91条2項
医師である労働基準監督官は、第68条の疾病にかかつた疑いのある労働者の検診を行なうことができる。

他の法律にも労働基準監督官の権限について記載がありますが、労働基準監督官は、会社が労働法に違反していないかを強制的に立ち入り調査（臨検）する権限を持っているということです。

　更に、法律違反をしていることが判明すれば、司法警察官として逮捕、送検することができる権限も持っています。

5－3－4　労働基準監督署の調査の種類

（1）調査の種類
　調査の種類について説明します。
①定期監督
　最も一般的な調査で、当該年度の監督計画により、労基署が任意に調査対象を選択し、所轄法令にわたって調査をする。原則としては予告なしで調査に来ますが、事前に調査日程を連絡してから来る場合もあります。

②災害時監督
　一定程度以上の死傷病の労働災害が発生した際に、原因究明や再発防止の指導を行うための調査です。労働災害に限らず、一人親方・中小事業主災害でも行われることがあります。

③申告監督
　労働者からの申告（告訴や告発）があった場合に、その申告内容について確認するための調査です。この申告監督の場合、労働者からの申告であることを明かして呼出状を出して呼出す場合と労働者を保護するために労働者からの申告であることを明らかにせず、定期監督のように行う場合があります。

④再監督
　監督の結果、是正勧告を受けた場合に、その違反が是正されたかを確認するためや、是正勧告を受けたのに指定期日までに是正報告書を提出しなかった場合に、再度行う調査です。

(2) 調査の流れ

次に、実際の調査の流れについて説明します。

①予告

労働基準監督署の調査（臨検監督）は、原則として予告なしに突然やって来ます。（事前に予告することにより、ありのままの状態を確認することができなくなる可能性があるからといわれています。）

②調査

実際の調査のときは、通常、労働基準監督官が2名来ます。ベテラン監督官の場合、1名のケースもあります。

監督官は、自己の身分を明らかにして訪問の目的を告げ責任者への面会を要求します。

労働基準法でも、監督官は身分を証明する証票を携帯しなければならないことになっています。

③是正勧告書または指導票、使用停止等命令書の交付

労働基準監督署の調査の結果、法令違反や改善点が見つかった場合は、是正勧告や指導を受けることになります。

a. 法令違反の場合は、その違反事項と是正期日を定めた是正勧告書が交付されます。
b. 法令違反ではないが改善の必要があると判断されれば指導票が交付されます。なお、aとb両方を同時に交付されることもあります。
c. 施設や設備の不備や不具合で、労働者に緊迫した危険があり、緊急を要する場合に使用停止等命令書が交付されます。

再監督等で、同一の事業場・現場で、使用停止等命令書を2回発効されると、所轄労働基準監督官は「事前送検」といって、「書類送検」の手続きをとることがあります。

その時は、関係者が順次「事情聴取」され、最後は当該企業の代表権のある役員が、「事情聴取」され「書類送検」の手続きがとられます。

そうならないように現場のリスク管理が必要です。

図解 労働安全衛生の
正しい法的対応

```
┌─────────────────────────────┐
│    法令を正しく理解する     │
└─────────────────────────────┘
              ↓
┌─────────────────────────────┐
│ 安全装置の未設置・取り外しに厳しい │
└─────────────────────────────┘
              ↓
┌─────────────────────────────┐
│  労働基準監督署の存在を理解する  │
└─────────────────────────────┘
              ↓
┌─────────────────────────────┐
│  労働基準監督官の職務を理解する  │
└─────────────────────────────┘
```

5-4 これからの労働安全衛生対応

5-4-1　OHSMSだけで、対応できる？

　OHSMSとは、労働安全衛生マネジメントシステムのことです。日本では、OHSAS18001が1999年に発行され、ISO規格に替わるグローバル規格としてあります。また、厚生労働省が、労働省時代の平成11年4月30日に「労働安全衛生マネジメントシステムに関する指針」を告示し、現在は、中央労働災害防止協会や建設業労働災害防止協会等が認証活動を行っております。

　しかし、「認証」をとっているからといって、重篤な災害が起きたときに「罪」にならないのでしょうか？

　残念ながら「罪」になるのです。あくまで「認証」は、その規格を満たしている、言い換えると「規格の要求事項」を「完全」に満たしている証明でしかないのです。

　えー　せっかく苦労して認証を取ったのに、何のメリットもないの？

　メリットは、組織・企業にはあります。「規格の要求事項」を満たしていることは、認証機関が認めてくれるわけですし、広告にも認証を受けている組織・企業であることを掲載できます。また、マネジメントシステムですから、いわゆるPDCA（計画・実行・評価・改善）サイクルが組織・企業人に浸透し、「労働安全衛生」も向上していきます。

　ただ残念ながら、労働安全衛生法は、組織・企業の労働安全衛生管理の向上を待ってくれません。
　なぜなら、労働安全衛生法は、処罰法だからです。言い換えると、「結果の重篤性で処罰される」法律なのです。
　従来の刑罰は、「執行猶予」が付くことが多かったのですが、今は「実刑」になることが多くなってきています。

こんな事例があります。建物の解体工事現場で、道路側の壁を道路に倒し、通行していた第三者を直撃し、死亡させたとして解体工事会社の当時の関係者と重機のオペレーターが「業務上過失致死罪」に問われた事件があります。

一審（地方裁判所）の判決で、両被告とも「禁固刑」の実刑判決でした。

機械設計の話ではありませんが、強烈でしょ。我々は、上司から「作業効率をもっと上げろ！」て普段から言われてますもんね。

では、設計の世界で、こんな事例がないのでしょうか？実は設計の世界でもあるんです。

> 私は設計者だから、課長、大丈夫です。

> 世の中を甘く見すぎてないか？

5-4-2 設計者が罰せられた事例と問題点

某施設で爆発が発生し、建物がほぼ全壊しました。従業員の数名が死傷し、通行人も数名ケガをする労働災害及び第三者災害でした。

- この施設は、○○ガス分離装置を設置していましたが、○○ガスの屋外排気管が結露水で塞がれたことで、○○ガスが建物内部に逆流し溜まったことで、自動制御盤のスイッチ入切時の火花が原因で爆発が起きてしまったのです。
- 建設会社の設計担当者と施設管理会社の関係者2名が「業務上過失致死傷罪」で書類送検・起訴されました。
- 一審（地方裁判所）の判決で、建設会社の設計担当者に「執行猶予付き禁固刑」施設管理会社の役員に「無罪」の判決が下されました。判決理由は、建設会社の設計担当者が屋外排気管が結露水で塞がれた場合、ガスが排出されない危険があることを知っていたのに、施設管理会社に水抜き作業の必要性を伝えていなかったことが、業務上の過失にあたると判断されたためです。

図5－4－1　設計者が罰せられた事例

　ここでの重要な点は、「危険があることを知りながら、施設管理者にその危険を説明していなかった責任を設計者」が問われたという点です。

　同時に、注目してほしいのは、施設管理会社の関係者が無罪になったことです。つまり、「こんな危険があることを、このことについて説明を受けてないので知らなかった。」ということで無罪になったわけです。

　ここから学ぶ点は、「設計者は、あらゆる危険を使用者に説明する法的義務がある。」ということなのです。

　説明するといっても、説明するだけでよいのでしょうか？

　そのために、「取扱い説明書」があるわけです。これにありとあらゆる「危険」「注意事項」を明記しておけば、よいわけです。

　「屋外排気管が結露水で塞がれた場合、ガスが排出されない危険があること。」を取扱い説明書等に記載していれば、施設管理会社は屋外排気管の水抜き作業を定期的に行って、こんな悲惨な災害は起こらなかっただろうし、設計者が罰せられることもなかったと思われます。

「取扱い説明書」にあらゆる「危険・注意項目」を記載しないといけない。

「あらゆる」って「全部」ですか？

5－4－3　「～しなければならないリスト」と「これだけはしてはならないリスト」

　労働安全衛生マネジメントシステムは、要求事項を完全に守りながら、継続的改善を行っていく手法ですが、言い換えれば、「～しなければならないリスト」を作成して、完全に実行していくことです。

　ところが、完全にできればよいのですが、時間的制約があって、普段完全にはできていないのが現状ではありませんか？

　例えば、10項目の業務管理項目の「～しなければならないリスト」があったとして、業務中9項目まではできたが、1項目時間切れでできなかったとしましょう。この1項目は、次工程にとって普段から「取るにたらない項目」だったので、そのまま次工程に業務を送りました。ところが、この1項目が出来ていないことを、出荷後でもだれも気がつかず、お客様からクレームがつき、手直しにものすごい時間とお金を費やした。なんていう経験はありませんか？

　で、この時、ISO流の「是正措置」を行い、「再発防止」を図る。ということをしていませんか？

　「～しなければならないリスト」だけでは、ダメなのです。プラスアルファーとして「これだけはしてはならないリスト」が必要なのです。なぜなら、人間は、仕事を完全・完璧にはなかなかできないのです。「～しなければならないリスト」の項目は一般的に項目が多いので、どうしても漏れがでるのです。

　しかし、「これだけはしてはならない」と言われると、結構守れるのです。しかも、「これだけはしてはならない項目」は、それほど多くはないことを我々は経験上知っています。

　では、どうやって「これだけはしてはならないリスト」を作ればよいのでしょうか？

　会社は、これは作ってくれませんので自分でつくるしかありません。

それは、業務上での「最悪のケース」を想定して、項目を洗い出し、リスクアセスメントKYK（リスクアセスメント危険予知活動）をこの項目毎に行い、優先順位をつけるのです。

　こうすれば、自分の業務の「これだけはしてはならないリスト」ができあがります。後は実務で試すだけです。
　なお、この「これだけはしてはならないリスト」の作成は、読者で試みて下さい。

5-4-4　まとめ

　我々は、普段、法を犯すつもりで仕事をしていません。ところが、重篤な事故・災害をひとたび起こすと、当事者は犯罪者扱いとなります。理不尽な話です。
　コンビニ強盗は、自分の意思で行った犯罪ですので、警察に捕まっても法を犯すつもりがあるから、諦めがつきます。

　でも、我々は、諦めがつきません。自分のため・家族のために一生懸命働いているのです。

　しかし、「労働安全衛生法違反・業務上過失致死傷罪」で法を犯すつもりがなかったのに塀の向こう側で生活している方が多数存在する現実があるのも事実です。

　そうならないために、確実な自分の業務の「これだけはしてはならないリスト」を作成して、忠実に実行していかなければなりません。

　罪にならない王道はありません。地道な「これだけはしてはならないリスト」の遵守だけが、自分を助けるのです。

図解 これからの労働安全衛生対応

結果が全てなので、
結果に対するリスク対応が必要である

↓

設計者は、あらゆる「危険」を
ユーザーに説明する義務がある

↓

「これだけはしてはならないリスト」を
自分で作成する必要がある

↓

地道に「これだけはしてはならないリスト」を
遵守する

今日はここまで
マニュアルの恐ろしさ

　今日、われわれは、「マニュアル」がないと生活もできない状態にあります。携帯電話・テレビ・パソコン等です。でも、本当に「マニュアル」を使っていますか？見よう見まねでやっていませんか？

　機械技術者として、そこを見落としてはいけないと思っています。なぜなら、われわれは、「マニュアル」と「製品」を提供する側だからです。「ユーザー」が使用方法を間違えたから「事故・災害」が起こったと言い訳できないのです。

　現代社会は、「厳罰化」傾向に有ります。あらゆる法律がその傾向にあります。例えば、「廃棄物の処理及び清掃に関する法律」（通称：廃掃法）では、産業廃棄物の不法投棄・不法焼却・無許可営業等について、法人（会社）に対しての罰金が、1億円以下だったのを平成22年の法改正で3億円以下に引き上げています。「マニュアル」通りに産業廃棄物を処理したら、罰金が会社に3億円来ました。というようなことも起こりうるのです。

　それともう一つ気をつけなければならない点は、「世間の常識」と「業界の常識」には、乖離（かいり）があるということです。食材偽装で話題になりましたが、例えば、「自家製パン」には、「そのパン屋さんで焼いているパン」という意味と「工場等で作っているパン以外のパン」といった具合に「狭義」と「広義」があります。

　一般的に、「世間の常識」は「狭義」が多いのです。そして、「業界の常識」は「広義」が多いです。この点は、マニュアル作成でおおいに気をつけなければならない点です。

第 **6** 章

技術者倫理、そんなんじゃダメですよ！

この章では、法的な問題や設計現場での技術者倫理についてお話します。以前は「倫理で儲かるのか？」といったことをよく耳にしましたが、倫理観の無さが会社や本人の危機につながることを知らないための意見です。また高い倫理観が視野の広い、レベルの高い技術者を作るのです。

CHAPTER 6

> 倫理観のない技術者なんて、危なくて仕事を任してられん！

- ああ技術者倫理！
- 6-1. 法的問題と技術者倫理
- 6-2. 現場対応と技術者倫理
  【今日はここまで】リコールについて

ああ技術者倫理！

F野：「A雄君、あのニュースを聞いた？」
A雄：「あのニュースって、あの工場事故のことですか？」

　朝、通勤途中でF野に会った。"相変わらず美人のお姉さんだ"というのがA雄の感想である。憧れ的なものもあって、A雄の目には少々のフィルターがかかっているのかもしれない。実際のF野は、"美人系"という評価を得ることがある。あくまで"美人系"であって"美人"ではない。

F野：「他社の機械装置が原因とはいえ、他人ごとではないわよねぇ。」
A雄：「えっ！どの機械装置が原因かって、もうわかってるんですか？」

　F野の説明によると、その工場には同業他社が設計製作した一式の機械装置しか入っていないそうだ。たまたま入札で負けたが、A雄の会社であるABCD技研㈱がその機械装置を設計製作していた可能性があるそうだ。そしてその同業他社の入札価格が、ありえないぐらい安価であったらしい。

F野：「あまりにも営業が安く入札受注したものだから、上層部からのコストダウン圧力がキツかったのかもね。でもコストダウン圧力がキツかったとはいえ、事故を起こしていいワケじゃないんだけどね。」
A雄：「でも会社の上層部や上司から圧力を受けた場合、どうしたらイイんですか？」

（吹き出し）上層部からの圧力があったとはいえ、事故を起こすような設計は技術者として失格よ！

（吹き出し）上層部からの圧力があったんだから、しょうがナイじゃぁないですか。

A雄の上司であるD川はそのようなことをする上司ではないが、もしD川から無理なコストダウン指示をされた場合、A雄自身どうするだろうかと考えてみた。

F野：「難しい問題よね。でも幸いにも、うちの上司は技術士で技術者倫理に
　　　敏感だから、そういった変な圧力はないけどね。」
A雄：「そうですよね。D川課長はいい意味での技術バカ。」

　A雄は"技術バカ"と言い終わるのと同時に後頭部に軽い衝撃を受けた。後ろからD川がA雄の頭を軽く叩いたのであった。あたりには"スパーーン"という乾いた音が響いたのだった。そしてどうして持っていたのかわからないがハリセンをカバンにしまいだした。

A雄：「痛っ！うわぁ、なんでD川課長がいるんですか？？！！」
D川：「誰が"バカ"やねん！誰が！」

　D川は見かけたA雄とF野のちょうど後ろにいたのだった。そしてD川は二人に声をかけずに、会話に聞き耳を立てていたのだった。

D川：「それにF野さん、技術士やから技術者倫理に敏感なんとちゃうで！敏
　　　感やから、技術士になれたんや！」

　　　技術者倫理に疎い技術者は
　　　通用しないということですね。

　　　技術者倫理に敏感やから、
　　　技術士になれたんや！

F野：「ええっと、そういう意味で言ったんじゃぁ・・」
D川：「技術者は専門職なんや！医師や弁護士と同じで、高い倫理観が必要なんや！」

　D川の説明の続きによると、専門職である技術者は、その専門分野において高い教育や訓練を受け、高い知識と応用能力、多くの経験を身につけている。専門技術者以外の人と比較して、優れた存在でなければならない。そして高い倫理観を持って業務を行わなければならないといったものだった。

D川：「法律に違反してへんでも、人としてアカンもんはアカンのや！倫理観の低い技術者は絶対に大成せえへん！」

6-1 法的問題と技術者倫理

　技術者は製品の開発や設計に関与します。したがって関与した製品に災害（事故）が発生した場合、その災害に対する責任は免れるわけにはいきません。災害が発生した場合には4つの責任が課せられるといわれています。

- 刑事上の責任
- 民事上の責任
- 行政上の責任
- 社会的責任

　特に社会的責任のある災害が発生した場合には、技術者倫理や企業倫理に関するものが多いといわれています。では倫理とは一体、何なのでしょうか？法とどういった関連があるのでしょうか？

6-1-1　倫理とは何か？　法とどう違うのか？

(1) 倫理とは何か？

　倫理とは、すべての人の善悪の規準（規準：行動の手本となるもの）です。そして自主的な順守が期待される自律的な規準です。反したからといって通常は法的な制裁があるわけではなく、守るかどうかは個人に委ねられています。技術者倫理も同じで、技術者全般的な善悪の規準です。そして企業倫理も企業における善悪の規準です。反したからといって、これも通常は法的な制裁があるわけではありません。

　倫理とよく似た言葉にモラルというものがあります。モラルとは、善悪に対する個人的な見解のことです。当人によっては悪ではないが、別の人からみると悪にあたるといった個人的な見解のことです。

(2) 倫理とは流動的な概念

　倫理とは、時代・社会・職業によって変化するあいまいな（流動的な）概念です。現在の日本では複数の異性と付き合うことは、悪とまではいかなくても善ではないと一般的には考えられています。また複数の異性と婚姻関係を結ぶ

ことは法律上禁止されています。しかし近代以前の日本では一夫多妻は普通のことでした。そして現在でも一夫多妻が認められている国もあります。

　倫理とは明確に「善だ、悪だ」と区別することが難しいものもあります。社会常識・社会通念を考慮しつつ、それぞれの立場から考え、善悪の判断をしなければなりません。

(3) 法とどう違うのか？
　法は国家権力が強制するもので、他律的な規準です。ほとんどの場合、法に反すると罰則的な制裁措置を伴います。

　モラル・倫理・法のわかりやすい例を挙げます。

モラル：道端に立ち止まってのスマートフォンの操作は「悪」であるとの個人的な見解です。端とはいえ公共の場である道でのスマートフォンの操作は、他の通行人の迷惑となるという見解です。2014年時点では社会常識的・社会通念的には「悪」とはされていません。あくまで善悪に対する個人的な見解です。

> 道端でもスマホの操作はダメだと思うのよ！

> えーーそうですか？別にいいじゃないですかぁー

倫理：歩きながらのスマートフォンの操作は、社会的に迷惑に繋がるといた価値観から、「悪」であるという考えです。2014年時点では、罰則的な制裁措置はありませんが、社会常識的・社会通念的に「悪」とされつつあります。

法：自動車を運転しながらのスマートフォンの操作は、法に反します。そして罰則的な制裁措置もあります。

6−1−2　技術者と倫理観

　ある部品を自社ではない部品メーカーに設計製作させた場合を考えてみましょう。できあがってきた部品の強度確認をしなかった技術者はどうでしょうか？部品メーカーの設計段階で計算書などの確認をしなかった技術者はどうでしょうか？　もちろん、ここでは部品メーカーの設計者は強度計算していることを前提とします。しかし部品メーカーに設計製作を依頼した技術者による強度確認や計算書の確認をする行為の是非は、倫理的にはどうなのでしょうか？

　一般的な機械製品は法において「強度確認をしなければならない」とはなっていません。したがって、強度確認をしていなかったとしても法令違反とはならないことが多いでしょう。※製品や機械よって異なります。

　しかし強度不足によって、その部品が破損し損失が出た場合、行政や客先から被害や損失に応じた何らかの制裁や罰があることでしょう。大きな事故が発生した場合、会社自体の存亡の危機に陥るかもしれません。

　しかし、強度確認をしなかった部品が、たまたま十分な強度を持っていた場合はどうでしょうか？また、強度が不十分だったにもかかわらず"たまたま"破損に至らなかった場合はどうでしょうか？

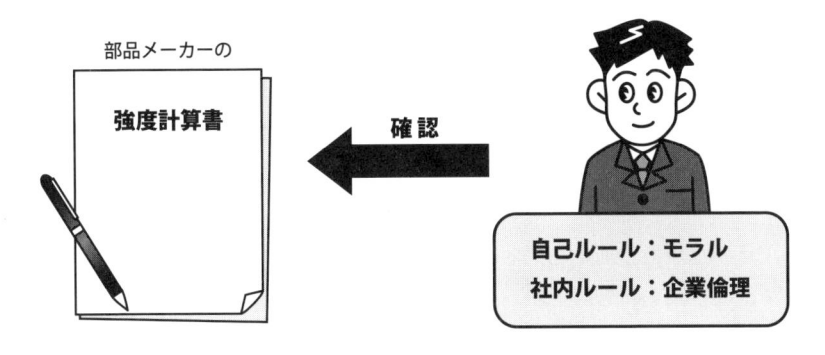

部品メーカーの
強度計算書　←確認　

自己ルール：モラル
社内ルール：企業倫理

　このような場合、自社外で設計製作された部品に関して、自社内で計算書の確認をしなければならないという社内ルール（社内のきまり）を設けるべきです。これが企業倫理の整っている会社だといえるでしょう。

　このような社内ルールがなかった場合、まずは技術者個人が自己ルールとして、計算書の確認を行なうことが必要です。そして社内でそのような社内ルール制定に動くべきです。これがモラルのある技術者であり、技術者倫理の高い技術者だといえるでしょう。

(1) なぜ技術者には高い倫理観が必要なのか？
①技術者は専門職

　医師や技術者を始めとする専門家・専門職の人には、高い倫理観が必要だと言われています。

　専門職である技術者は、その専門分野において高い教育や訓練を受け、高い知識と応用能力、そして多くの経験を身につけています。よって一般の人々に比べ、その専門分野においては優れた存在でなければなりません。このことから技術者は高い倫理観を持って業務を行わなければなりません。

> なぜ技術者には、高い倫理観が必要なのですか？

> 技術者は、医師や弁護士と同じ専門職なんや！だから高い倫理観がいるんや！

　逆に言うと、専門分野において優れた存在であるため、誤魔化した業務、手を抜いた仕事を行っても、一般の人々にはわかりにくいもので、発覚しにくいものです。

　先程の部品の強度確認と同じです。破損や事故が発生しなければ、強度確認もれは発覚しにくいものです。このため全ての技術者が高い倫理観を持って業務を行わなければ、一般の人々より懐疑的な目で見られ信頼をなくし、技術者という職業そのものが消滅しかねません。だから技術者は高い倫理観を持っていなければならないのです。このことは技術者以外の専門職にも当てはまることです。

　技術者として、例えば建築基準法や労働安全衛生法などに当てはまる業務の場合は、その法令に反すると法的な制裁を受けます。しかし法令の及ばない業務、例えば工場の生産設備の設計をする場合、強度計算を行わず、そしてそれが発覚したからといって、法的な制裁は受けません。だからこそ技術者として

信頼を得るためにも、そして仕事を継続的に得るためにも、高い倫理観を持って業務に当らないといけないのです。

②技術の高度化

21世紀に入り技術は急速に高度化・複雑化しており、社会や環境に与える影響が大きくなりました。特に原子力発電所など、ひとたび事故が発生すると世代間に渡り影響を与える可能性があります。また不具合・不祥事がその専門分野の技術者にしかわからないことが多くなりました。そして技術の使い方を間違うと環境や地球そのものを壊しかねません。このためより高い倫理観が技術者に求められるようになりました。

(2) 倫理を優先すると会社と対立する場合も

技術者にとって、倫理を優先するとしばしば利益や納期、外面を優先しようとする会社や組織と対立する場合もあります。「チャレンジャー号」の話などは有名です。

先程の部品の場合ですと、部品メーカーに強度計算の指示を出しているのだから、自社内での強度確認をすることは工数を余分にかけることとなり、利益が低下するので不要だという意見も出るでしょう。ここで技術者倫理を優先しようとすると、会社や組織と対立が発生する場合もあります。

6－1－3　倫理に反するとどうなるのか

ITなどの発達により、情報社会といわれるようになりました。良い情報、悪い情報にかかわらず、情報を共有しやすい社会になったといえるでしょう。このため組織内部で発生した倫理的な問題などが組織外部に露見しやすくなった

といえます。では倫理に反するとどうなるのでしょうか？

(1) 会社の倒産、組織の解散

倫理に反していることが社会に露見すると、社会的な制裁を受ける場合があります。会社の評判は下がり、売り上げが低下することでしょう。悪質な倫理違反を行った場合、不買運動が発生するかもしれません。こうなった場合、最悪では会社の倒産や組織の解散などもありうることでしょう。

法に反していないからといって、何でも行ってよいわけではありません。企業が守るべきもの、技術者が守るべきもの、倫理を大切にしなければなりません。

(2) 技術者として後悔する

倫理に反していることが、露見しなかったとしても、技術者として後悔することになるでしょう。技術者として大きく飛躍するチャンスを自ら摘み取ることとなるのですから。

会社や組織と対立することなく技術者倫理を全うできる仕組みを構築した技術者は周囲の技術者などから賞賛を浴びることでしょう。そして技術者として、社会人として大きく飛躍することでしょう。

(3) 倫理観が麻痺する

技術者としての人生は短いようで長いものです。長い人では40年以上も技術者として活躍することもあるでしょう。この長い技術者人生において数多くの設計やプロジェクト、業務にかかわることでしょう。倫理に反した業務を行っていると、その長い技術者人生のうちで、まず倫理観が麻痺します。そして数あるいくつかの倫理に反した業務のうち、必ず倫理に反したことが露見するものがあります。露見してしまうともう技術者として生き残れません。もし露見しなかったとしても技術者として大成することはないでしょう。

> 倫理観が麻痺することが1番怖いんや！！

> F野さんが1番怖いんじゃないのかなぁ？

6-1-4　倫理観の低下の原因

　近年、技術者をはじめ、社会全体で倫理観が低下しているといわれています。その原因はどこにあるのでしょうか？

(1) 個々人のモラルが低下した
①雇用の流動化
　終身雇用の時代が終わったといわれています。多様な働き方の時代に入ったともいわれています。しかし雇用の流動化とともに社員・従業員の倫理観の低下が進んでいます。「スグに辞めるから、このくらいはイイか」との社員・従業員の考え。「スグに辞めるから、教育は無駄」との会社・組織の考え。このままでは倫理観が低下することは、ある意味仕方のないことなのかもしれません。

②倫理観の多様化
　日本の場合、以前は一億総中流といわれた時代がありました。それは「古き良き時代の日本」であって、今は異なります。格差時代が始まったといわれています。このことで価値観の多様化が進み、そして各自の倫理観や善悪の感覚が多様化しています。元来、倫理とはあいまいな概念ですが、その判断の基となる社会通念までもが多様化しています。

(2) 組織の質が低下した
　企業不祥事の原因の高い順から7つを挙げました。

- 問題があっても指摘しにくい企業風土がある
- 経営者の自覚が乏しい
- 企業倫理、企業行動規準が明確でない
- 社内のチェック体制が整備されていない
- 競争が激しく企業倫理を無視せざるを得ない状況にある
- 社員がトップにマイナス情報を伝えていない
- トップがマイナス情報を把握しようとしていない

　デフレが長く続いた結果でしょうか、激しい企業間競争によって、組織の倫理観が麻痺していると考えられます。大部分は企業のトップやそれを支える組織の長が根本的な原因のようです。企業トップへ都合の良い情報しか上げないような組織の長を育成するところに問題があります。技術者として飛躍した暁には、トップを支える組織の長になることが多いでしょう。倫理観の高い組織の長となりたいものです。

6-1-5　倫理観を高めるには

(1) 技術者倫理教育

　何といっても、まずは教育です。倫理観が多様化していることは先にお話しました。倫理観を高めるための教育が必要です。
　近年では各大学の工学系の学部では、技術者倫理の講義が増えています。体系立った倫理教育が行われていることが倫理観を高めるには必要です。

(2) 規準が必要

　教育が行われていても、倫理に関する規準が必要でしょう。現在、各学会などには「倫理規定」などが定められています。これらに沿った体系立った倫理規準を策定し配布する必要があると考えます。
　次に倫理規準に対する賞罰が必要でしょう。「褒める」と「叱る」の両輪が必要です。企業においても、利益で貢献したことだけの表彰ではなく、技術者としての倫理的な取り組み姿勢を評価する仕組みを作るべきです。

(3) 社会観察と自問自答

　先にもお話しましたが、倫理とは、時代・社会・職業によって変化するあい

まいな（流動的な）概念です。流動的な倫理の問題を考えるとき、社会通念を考慮しなければなりません。社会を観察し、その時その時の社会が考える善悪を汲み取って判断しなければなりません。技術者は技術に精通しているだけでは、やっていけないのです。社会の動向・流行、一般的な人々の善悪の規準を観察し、判断することが必要なのです。

そして相手の立場・考えを想像することが必要です。これをしたら、相手はどう考えるだろう？あれをやったら、相手の立場上どうだろう？と論理的に想像することが必要です。また「自分の行いは、社会に受け入れられるものだろうか？」と自問自答する必要があります。

（4）コミュニケーション

倫理的な問題以外でも部下や後輩などから気軽に相談できる体制や雰囲気が必要です。「組織の質が低下した」でもお話しましたが、企業の不祥事の原因で最も多いのが、「問題があっても指摘しにくい企業風土」です。密にコミュニケーションを取ることで倫理的な問題の発生を防止することができます。

（5）社会通念と法

倫理を優先すると会社や組織と対立する可能性があることを先にお話しました。このため技術者の独立した判断が保障される必要があります。技術者倫理に則った技術者の判断や発言は正しいものであるという社会通念と、技術者の独立性を守る法整備が必要です。

> 倫理観を高めるにはどうしたらいいのですか？

> 教育、規準、社会観察と自問自答、コミュニケーション、社会通念と法の5つが必要や！

図解 法的問題と
技術者倫理

倫理：善悪の規準
　　　あいまいで流動的

高い倫理観が必要

↑

技術者＝専門家

教　育
賞　罰
コミュニケーション
社会通念

6-2 現場対応と技術者倫理

　設計現場で、技術者としての倫理観を持ち判断しなければいけない場面は、多々ある中、企業の利益追求から生じる圧力に対し、折り合いをつけて業務を推進していかなければなりません。こんな場面に対し倫理観を高め、維持して行くことは非常に重要なことであります。日常的に不具合が生じそうになる場面や、将来的に起こるかもしれないことが想定される場合にはどう対処するのがよいかを考えていきます。

6-2-1　現場で必要な倫理感とは

（1）基本的な考え
①会社の目的と業務

　あなたは、今まで機械系技術者として、現場での倫理観の違いで板挟みになったことや、上司から圧力をかけられ少し倫理的にもよくない業務のやり方に出くわす場面はありませんでしたか？企業は、利益を追求することだけが目的ではないですし、社会へ事業展開により貢献すること、事業継続することが大事であり、会社の理念は、大方の会社が、社会貢献となっているはずです。

　あなたの仕事への取り組みは、利益追求型？社会貢献型？これは、個人の価値判断になりますので、どちらにウェイトをおくかはあなた自身に委ねられているのです。仕事への取り組みで、会社の事業目的を見誤らないようにすれば、あなたの価値判断を狂わせることはないはずです。

　あなただけが良くなる（利益を得る）のではなく、顧客、ベンダーを含む社会が良くなることを想像することで、あなたの行動も明確になります。

②技術者倫理の原則

　技術者倫理においては、日本では、機械学会を始め、建築学会、土木学会などでの倫理要項に定められている条文などで規定されています。さらに、日本の技術士や米国では、全米PE（Professional Engineer）協会の倫理規程において、公衆の優先、有能性、真実性、信頼関係、公正業務、同業発展といっ

た基本的な原則が提起されていますが、これらの考え方を理解して、価値判断することが重要です。

技術者倫理について、全米プロフェッショナルエンジニア協会（NSPE）での基本綱領にある原則や、日本技術士会よる基本綱領から技術者の原則を抜粋し、**表6－2－1**に示しますが、この考え方は参考になります。

表6－2－1　技術者倫理の原則と義務

	原則	条文要旨
1	公衆優先	公衆の安全、福利を最優先する
2	持続性	持続可能な開発の原理に従うよう務める。
3	有能性	自分の有能な領域のみのサービスを行う。
4	真実性	公衆に表明するには、客観的で真実に即した対応でのみ行う。
5	信頼関係	雇用者または依頼者それぞれの為に誠実な代理人または受託者として行為する。
6	専門職	自分のサービスの真価によって、自分の専門職としての名声を築き、他人と不公平な競争をしない。
7	同業発展	自ら名誉を守り、責任を持ち、倫理的にそして適法を身を処することにより、専門職の名誉、名声、及び有用性を高めるように行動する。

（2）現場での問題（下請法違反）

設計現場では、要求仕様に基づいた設計書を作成して、部品メーカーや設備メーカーへの手配をかけていきます。例えば、納期がないため、先行手配（内示）をして、メーカーへ発注書なしで製作させていたりすることがないでしょうか？ひどい場合は、今後の取引をちらつかせて、脅しに近い指示をする場合もあるでしょう。通常は、ほとんどの会社は、発注書なしでは手配できないのですが、中小企業や過去からの付き合いの長い会社の場合は、口頭での約束で材料手配などは、しぶしぶ準備する場合があるかもしれません。

もし、我々の設計案件がなんらかの理由で中止になったときには、手配をキャンセルしなければいけませんが、取引先では、在庫となる場合があるか、またその先の材料商社での在庫となるか、その負担がどこかへしわ寄せになるのです。

また、別の例ですが、設備のメーカーにある要求仕様を提示し、製作を依頼し、その仕様で曖昧な項目があった場合、最終的に設備での生産時に製品での

不具合や動作不良が発生したときに、設備メーカーへ一方的に責任を押し付けていませんか？

　利益優先や、自分の立場を優先すると、できるだけ取引先へ責任を押し付ける行動になりがちです。もともと、要求仕様が曖昧な場合、発注者側が明確にしていないことに責任があるはずです。従って、設備稼動時での動作不良や不具合の場合、その要因を明確にし、公平な協議による責任分担を負うべきです。

> 技術者としては、社会、世界へ貢献するためにも、法律とモラルの間にある倫理観がないとなり立たんのじゃ！

> 機械系技術者も、人としての価値観を磨くことが必要ですね！

6－2－2　倫理感で迷ったときの対応

　倫理的に判断する場面に出くわした場合、どのように判断し、対応していくのがよいかをアドバイスします。

(1) 倫理的に判断に迷う事例と対応

　日々の業務上では、法律に触れないまでも、どちらかいうと、人としてよくない行動を指示される場合や圧力（パワーハラスメント的）により、しぶしぶ実行してしまうことがあります。これは、法的にも罰せられるケースがあります。

　以下は、一例ですがあなたも心当たりがあるのではないでしょうか？

- 設計上で、不具合が潜在していることがわかったケース
- 見積交渉の際、取引先の図面情報を他社へ提示することを暗に指示されたケース
- 秘密保持契約を結んでいる取引先の設備を他社の設計者に閲覧させるケース

　上記のケースで、あなたは、どのような対処をするのでしょうか？　図6－2－1に倫理的判断フローにあるように、倫理的に迷う指示が出た場合、その

判断をする時には、まず法律を調査してみてください。

該当するものがなければ、周りの同僚や相談しやすい先輩、または友人に相談することです。そして、再度、その指示について上司（又は顧客）間違いないかを確認することです。

もし、問題があると判断した場合は、その指示に対し、拒否をすることが必要です。拒否しにくい場合は、先輩や社内の相談窓口（人事担当など）への相談も考えてください。その方法も困難である場合、行政機関等への内部告発も最終手段となります。

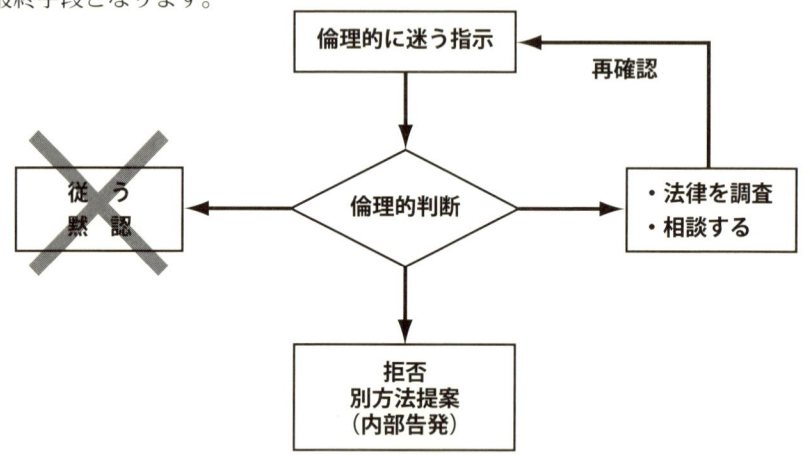

図6－2－1　倫理的判断フロー

(2) 業務上での対処方法

日々忙しい業務では、倫理的にグレーゾーンに該当する場面は多くあります。設計検証、見積業務、発注業務、DR（デザインレビュー）、報告書、出張、会議、ISO等々で、倫理的に問題がでそうな項目をリスト化しておくのもよいです。一度、あなたの業務ごとのシーンを想像し、該当する項目をピックアップし、倫理的判断をリスト化して見てください。

業務において、多岐にわたる場面があり、いちいち調査している時間的余裕もないかもしれませんが、プロジェクト管理の視点で考えると、製品開発のフローや設備導入のフローで想定できる項目であり、事前にチェックし、判断基準を明確化しておくと判断に迷うことも少なくなると思います。

表6－2－2に倫理観チェックリストの一例を示します。

表6-2-2　倫理観チェックリストの例

シーン	項目	倫理的判断	法的チェック
顧客と面談	社内事業情報	虚偽の情報	済
設計書	信頼性予測	不具合のリスク	未
見積	図面情報	他社への開示	済
契約書	NDA	一方的な内容	法務担当へ
発注	口頭内示	責任の転嫁	済
DR（デザインレビュー）	懸念事項	曖昧にしない	未
出張	取引先	接待関係	済
発表（講演）	社内秘情報・引用資料	著作権チェック	未

6-2-3　現場技術者の倫理力向上のすすめ

（1）技術者のプライド

　自然科学は、真理探求の心を忘れないことが重要です。

　技術で、社会を救うことや、利便性向上による生活面での快適さを提供することで、社会の安定、人の安全、安心確保で幸福感を充足することになります。自分で設計した機械で不具合発生や事故の発生がないようにチェックして、自信を持って世に出すことが責任であり、自身の誇りにつながるものです。

（2）仲間との価値判断の切磋琢磨

　価値観は、人それぞれ違います。倫理観も違うことが多々あることでしょう。価値観については、お互いに議論することで、洗練されることに繋がります。本音でぶつかり合う議論は、お互いを向上させるのに意味があるものです。建前論だけでは、倫理観の洗練はできないのです。

（3）家庭、地域社会との関わりで磨く

　家庭や地域社会でもあなたの行動で、倫理観が関わることはあります。車の運転での遅い車が前を走っている場合や買い物での順番待ちなど気が短くなるとせかす気持ちになることもあるでしょう。少し、相手の立場や気持ちを想像することで、待つ気持ちや譲る気持ちに切り変えることができると思います。技術者倫理も一歩引いて、想像力を高めることで、より良い倫理観を見出すことができると考えます。

図解 現場対応と技術者倫理

技術者倫理の原則

⇕

現場での問題と対処フロー

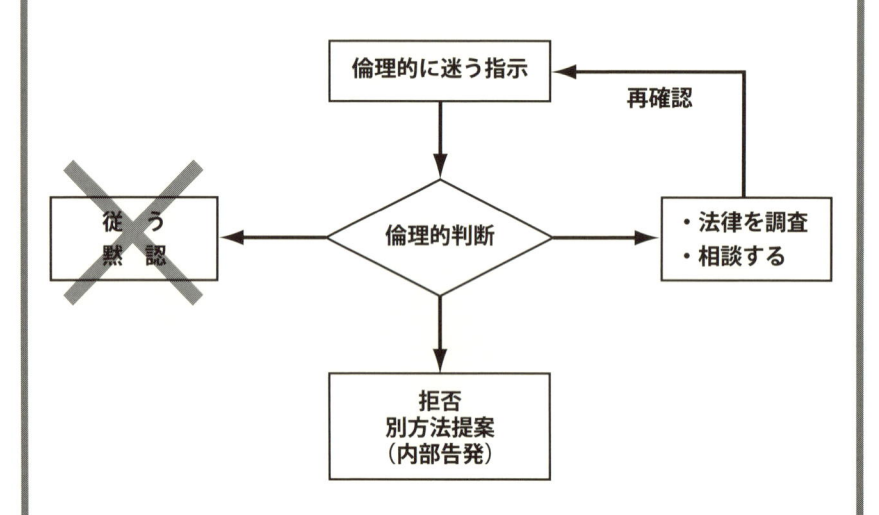

```
倫理的に迷う指示 ←──── 再確認
      ↓                   │
      ↓                   │
  倫理的判断 ────→ ・法律を調査
   ↙    ↓              ・相談する
従う    拒否
黙認   別方法提案
(×)   （内部告発）
```

機械技術者 →
- 技術者のプライド
- 価値判断の切磋琢磨
- 家庭・地域との関わり

★ ★ ★ 今日はここまで ★ ★ ★
リコールについて

　「設計・製造上の過誤などによる製品欠陥があることが判明した場合、製造者等が製品を無料で回収、修理すること」ですが、昨今、いかに多いか改めて驚きます。車からサンダルまで、インターネット上で公開されており、各種分野で、日常的ともいえるほど多くの案件がリストアップされています。更には、メールサービスで消費者へ発信するシステムまでできています。もちろん、メーカーのリコールの登録もWeb 上で、即できるようになっています。行政機関としてこのように利便化していることは、公衆への迅速な広報の手段として、考えられたのでしょう。

　このように、リコールが日常化していますと、当たり前のような感覚になってしまう恐れもあります。何か不具合があったとしても、後で回収、修理対応で済むといった安易な対応策をイメージしてしまい、モノづくりでの十分な検討がおろそかになっていないでしょうか？
　技術者は、このような失敗が一度はあっても、その体験から次への設計に反映することになればよいですが、逆に逃げ道として活用しているのなら、問題です。
　製品の欠陥により、人身事故につながったりするケースもあるでしょう。このような失敗は、繰り返してはならないのです。設計上で十分な検討、検証により防げることは多くあります。
　そのためには、失敗の原因を明確にし、反省することが重要です。ただ単に公開するだけでなく、その後の是正をどうしたかを明確にするべきではないでしょうか？
　でなければ、同じ間違いを繰り返す可能性が高いです。リコールについては、迅速な広報も必要ですが、一方で発生原因の明確化と今後の改善点も合わせて公表して欲しいものです。そこまでをシステム化（義務化）することで、消費者への安全・安心に繋がるのではないでしょうか。

エンドストーリー：技術者は勉強せなアカンねん！

A雄：「(〃´o`) 客先工場の据付設置工事、無事終わりました～。」
G田：「今回のんも、バッチしですワ　ふん^(∞)^=3 」

　例の大型機械装置（第5章の「機械でも建設業！」を参照ください。）の据付設置工事のため、客先工場へ出張していた。A雄とG田は久しぶりの出社である。
　今回の機械装置は大型であっただけに、自社工場での組立てや分解・輸送・客先工場での再組立て、据付設置、試運転時などの作業員の安全対策が重要であった。そのため分解性や輸送性・組立性を考慮した設計を行った。また法律なども調査し、適合させたものだった。当然、上司のD川や先輩であるG田やF野の指導も大いにあったのだが。

D川：「A雄、今回は据付設置工事の指揮補佐だったが、どう感じた？」
A雄：「据付設置工事に限らず、機械装置に関係する法律が多くあって、知らず知らずのうちに法律違反をしている可能性があることがわかりました。」

> 特に法律なんかは、"知らんかった"では済まされんから要注意や！

> 深く考えずに設計したら、知らないうちに法律違反している可能性があるんですねぇ。

D川：「"知らず知らず"ってのがクセもんやし、"知って"ってやるんは技術者以前に、人として"どうよ"って話や！」
A雄：「また法律以外にも、行政関係への届け出や手続きもありましたし、まだまだ勉強をしなアカンことが分かりました。」
D川：「せや、技術者は技術者である間、ずーっと勉強し続けなアカンのや！」

今回の機械装置の設計や業務において、Ａ雄は多くの検討漏れをしていた。まさに法律関係のことが漏れていたのである。
　従来の機械装置の設計や業務では、お客や使用する人を中心に、例えば使いやすさや安全対策を検討すればよかった。しかし法律が絡んでくるとそうはいかない。機械装置の使用現場だけではなく、もっと広く周囲を見なければならない。例えば今回の機械装置にはなかったが、輸出関連だと相手国の法律や日本の国益までも考えなければならない。今回の機械装置だと、輸送上の道路交通法などである。
　このあたりの考え方も上司のＤ川や先輩であるＧ田やＦ野から指導されたものだった。

> 機械設計に法律が関係するとは、ぜんぜん知りませんでした。

> だから技術者は常にアンテナを張って勉強し続けなアカンのや！

Ｇ田：「Ａ雄、俺かてまだまだ勉強中や！ふん^(∞)^=3　たぶんＤ川課長もそうや！だからお前はぜんぜん勉強が足りてない！」
Ａ雄：「そうですね。まだまだ頑張ります！」

　Ａ雄は今回の機械装置ではあまり登場しなかったが、化学物質のことや輸出関連なども独自に勉強を始めようと考えている。このままでは、課長になっても勉強を続けているＤ川に追いつくどころか、ますます背中が遠くなると感じている。

D川：「ところでG田、今回の長期出張についてやけど、スマンかったなぁ
　　　〜。先に言ってくれたら、別のヤツを行かしたのに。」
G田：「えっ！何のことですか？課長　ふん^(∞)^=3　」
D川：「彼女の家へ挨拶に行く予定を延期させたことや！」
A雄：（えーーーー、G田さんに彼女っていたんですか！！！それに彼女の
　　　家へ挨拶って！！！！なんですかそれーーーー）

　D川とG田の会話に対し、目玉が飛び出るくらい驚いたA雄だった。普段から恋愛の話など全くないし、イイ人なんだけど、こんなむさ苦しくて暑苦しい先輩に彼女がいるなんて考えもしなかったA雄だった。そしてそんなモノ好きな相手は誰だろうと考えるA雄だった。

G田：「　@(∞)@ =3=3=3　なんでそのことをーーーー。」
D川：「それぐらい、上司として知ってなアカンやろ！！」

　なぜだか真っ赤になったF野が女性社員に囲まれているのがA雄の目に入った。少し離れているため、会話の内容はわからないが、雰囲気的に冷やかされているようだ。G田とF野を比べて、"まさかねぇ"と考えているA雄だった。

D川：「男やったら、ちゃんとせなアカンぞ、G田！」
G田：「ふん^(∞)^=3　なんか捕まった気分ですワ。」
D川：「お前がいうな、お前が！あんなエエ娘を捕まえといて！」
A雄：（D川課長はG田さんの彼女を知ってるんだ・・・）

D川：「実はドッキリやったり、罰ゲームやったりするかもなぁ。」
G田：「課長！縁起でもないこと言わんでくださいよーー　ふん^(∞)^=3　」

　A雄が事実を知るのは、まだもう少しあとのことだった。

おわりに

　当初、本書のタイトルは「そんな設計じゃ、逮捕されますよ！」のつもりだったのです。しかしあまりにもショッキングなタイトルのため、変更しました。（「そんな設計じゃ、罰せられますよ！」でも十分にショッキングだとは思うのですが・・・）でも設計のやり方、業務の進め方によっては、本当に逮捕される可能性があるのです。逮捕までは行かなくても、罰せられたり、会社がつぶれたり、リストラされたりする可能性があるのです。

　機械装置に限らず、工業製品はひとたび事（事故に限りません）が発生した場合、周囲（使用者の周辺から、家庭内、社内、地域、国内、地球規模など）に多大な影響を及ぼす可能性があります。

　そのためか、事が発生するたびに法律や制度が変更・追加となりました。これからも法律や制度の変更・追加があるでしょう。また世界中に工業製品が輸出されるようなグローバルな社会になったため、輸出に関する法律や制度、輸出先の法律や制度も関係します。そのため、関係する法律や制度が多く、複雑となり、法律などの専門家ではない技術者が全てを把握することは難しくなっていくのです。

　しかし法律や制度の全てを把握することが難しいからといって、知らなかったでは済まされる問題ではありません。「そんな設計じゃ、罰せられますよ！」、「そんな設計じゃ、逮捕されますよ！」になりかねません。

　本書を読んだうえで、自分の業務に関連する、また自分の業務の周辺の法律や制度を調査してみましょう。本書で全てをカバーできているといいたいのですが、法律や制度はあまりにも広範囲で不可能でした。しかしヒントは盛りだくさんです。方向性も示してあります。技術者なら、技術者を目指しているのなら、調査しましょう、勉強しましょう。また法律や制度の変更や追加が今後もあると考えられるため、継続的に調査しましょう、勉強しましょう。

　そして最後に、使用者やお客が満足しているからOKだ。法律や制度を満足しているから大丈夫だ。という考えではこれからの技術者はやっていけません。広い視野でモノごとを見ることのできる技術者でないと生き残っていけないのです。そのために本書や「知ってなアカン」シリーズを書き下ろしました。本書が広い視野でモノごとを見ることのできる技術者になるための一助になれば幸いです。

2014年3月　著者一同

広い視野でモノごとを見れる技術者になるんや！

〈参考文献　一覧〉

●第1章
　文中に記載

●第2章
『MSDSの読み方・活かし方』（中央労働災害防止協会）
『化学品管理の国際動向と各国の規制』　一般社団法人　日本化学工業協会　編著　（化学工業日報社）
『技術者による実践的工学倫理　第3版』　中村　収三、一般社団法人　近畿化学協会　工学倫理研究会　共編著　（化学同人）

●第3章
『理系のための法律入門』井野邊陽　（講談社）
『PSE読本』櫨山泰亮（電波新聞社）
『消費生活用製品安全法に基づく製品事故情報報告・公表制度の解説〜事業者用ハンドブック2012〜』（消費者庁HP）

●第4章
『安全保障貿易管理関連貨物・技術リスト及び関係法令集』（日本機械輸出組合）
『輸出令別表第1・外為令別表用語索引集』（日本機械輸出組合）
「経済産業省　安全保障貿易管理　ホームページ」（経済産業省）

●第5章
　文中に記載

●第6章
『技術者の倫理入門』杉本泰治・高城重厚著（丸善株式会社）

●著者略歴

古川　功（ふるかわ　いさお）

技術士（機械部門）
1958年生まれ　大阪府出身

　工作機械メーカで鉄鋼プラント設計を経て（1980年－1984年）、電機メーカで燃料電池開発に従事し、リン酸型200kW級の開発や家庭用小型電源（1kW）の開発で設計業務に従事、実地試験などの技術開発に尽力した。（1985年－1995年）。その後太陽光発電事業の業務では、国の研究事業で大型システムの設計・工事監理業務に従事し、顧客対応や太陽電池パネルの要素技術開発も担当、設計～製造～販売まで広範囲な業務を経験し、技術部門で従事している中、技術士活動では、受験指導にも取り組んでいる。（2008年─）著書として、『知ってなアカン！機械技術者　モノづくり現場の「構想設計力」入門』（日刊工業新聞社）がある。

岩井　孝志（いわい　たかし）

技術士（機械部門）、労働安全コンサルタント（土木区分）
1960年生まれ　大阪府出身

　建築系労働安全が専門で、それ以外は、建築鉄骨製造及び据付の業務経験が長い。地域の労働基準協会等で職長教育等の講師も行っている。過去に製造現場で「台車化」が流行した際の業務経験で、2007年に機械部門（交通・物流機械及び建設機械）の技術士を取得した。最近は、建築物解体工事関係に携わることが多い。

佐野　義幸（さの　よしゆき）

技術士（機械部門）、一般計量士、一級土木施工管理技士
1965年生まれ　大阪府出身　sano@ip-net.org
EHテクノロジー代表
特定非営利活動法人関西技術経営コンサルタンツ副理事長
一般社団法人知財経営ネットワーク代表理事　http://www.ip-net.org/

　化学プラント、製鉄プラント、大型計量設備などの計画・開発・設計に従事した（1989年～2008年）。2009年よりEHテクノロジー代表として、設計開発コンサルタント、知財経営コンサルタント、技術経営コンサルタント、技術士受験指導、公的機関の技術者教育、民間企業の技術者教育に従事している。
　著書として『知ってなアカン！』シリーズ及び『設計検討って、どないすんねん！』（日刊工業新聞社）がある。また若手技術者の教育には定評がある。

岡田　雅信（おかだ　まさのぶ）

技術士（機械部門・電気電子部門）エネルギー管理士、電験2種合格
1966年生まれ　新潟県出身

　電子部品メーカー勤務。入社から17年間、通信機器の機構設計に従事、その後、生産技術部門と輸出管理部門を経験し、現在、再生可能エネルギーの有効活用を目指した新型パワーコンディショナーのプロジェクトに参画している。学生時代からの専門の機械技術に加え、就職後に電気の勉強を開始し、現在、電気の解る機械技術者として、π型技術者を目指して継続研鑽中である。

宮西　健次（みやにし　けんじ）

技術士（化学部門）
1973年生まれ　大阪府出身

　繊維・化学メーカー勤務。入社から12年間の研究所勤務時代には、会社にとっての全く新しい事業領域における新製品開発や工程立案の仕事も経験。その後は、本社スタッフとして、各事業部門の開発支援等を行っている。また、日本技術士会近畿本部科学技術支援委員として、理科実験等のイベントを通じて科学技術と社会の関係について、社会に向けて発信する活動も行っている。

【イラスト担当】

保居　優加子（やすい　ゆかこ）

グラフィック・WEBクリエイター
クリエイトリンク　代表　http://cre8link.com
一般社団法人　知財経営ネットワーク　理事
一般社団法人　女性のための未来創造サポート　専務理事
特定非営利活動法人　地盤地下水環境NET　理事
1971年生まれ　兵庫県出身

　広告企画会社にて広告・販促物の制作に携わるとともに、取締役を務める。
　グラフィックやWEBサイトのクリエイターとして2005年クリエイトリンクを創業し、現在ではWEBアプリケーションエンジニアとしても活動を展開している。
　また今後の日本に必要不可欠な「知的資産の創造」を踏まえた、広報および宣伝の重要性を感じ、一般社団法人　知財経営ネットワークの設立に参加し、現在も活動を行っている。
　著書として、『知ってなアカン！知的資産活用術』、『知ってなアカン！技術者のためのマネジメント思考上達法』（日刊工業新聞社）がある。

知ってなアカン！機械技術者
そんな設計じゃ、罰せられますよ！　　　　　　　　　　NDC531.9

2014年7月15日　初版1刷発行　　　　　定価はカバーに表示されております

Ⓒ著　者　　古川　功・岩井　孝志・佐野　義幸・
　　　　　　岡田　雅信・宮西　健次
　発行者　　井水　治博
　発行所　　日刊工業新聞社
　　　　　　〒103-8548　東京都中央区日本橋小網町14-1
　　　　　　書籍編集部　　　電話　03-5644-7490
　　　　　　販売・管理部　　電話　03-5644-7410
　　　　　　　　　　　　　　ＦＡＸ　03-5644-7400
　　　　　　ＵＲＬ　http://pub.nikkan.co.jp/
　　　　　　e-mail　info@media.nikkan.co.jp
　　　　　　振替口座　00190-2-186076
　　本文イラスト　　保居　優加子（クリエイトリンク）
　　本文DTP・印刷　新日本印刷（株）

落丁・乱丁本はお取り替えいたします。
2014 Printed in Japan
ISBN 978-4-526-07275-8

本書の無断複写は、著作権法上の例外を除き、禁じられています。

日刊工業新聞社の好評図書

知ってなアカン！機械技術者 モノづくり現場の「構想設計力」入門

古川　功・佐野　義幸・奥村　勝・多田　和夫　著
A5判240頁　定価（本体2200円＋税）

「モノづくり」では、製品の初期の企画から顧客に出るまでのプロセスにおいて、多くの要求事項を製品仕様に反映することが求められる。そのためモノづくりの構想設計段階が非常に重要となる。本書は「モノづくり」の技術者の立場を理解できる技術士メンバーが、構想設計に必要な知識、手法を具体的な事例を通して体系的にまとめたもの。構想設計力に加え、商品開発力、問題解決力、安全・安心技術力、環境保全技術力などの向上をそれぞれに必要な様々な手法とともに解説している。

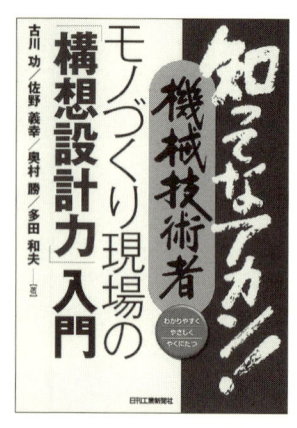

＜目次＞
第1章　モノづくり現場の構想設計力入門
第2章　商品開発力入門
第3章　問題解決力入門
第4章　安全・安心技術力入門
第5章　環境保全技術力入門

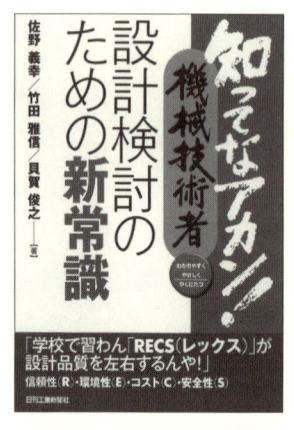

知ってなアカン！機械技術者 設計検討のための新常識

佐野　義幸・竹田　雅信・貝賀　俊之　著
A5判240頁　定価（本体2200円＋税）

新人機械技術者や若手機械技術者の設計力向上を目指すシリーズの1冊。学校では習わない、実務だけでは身につきにくい、「設計検討を行うための知識」を機械技術者向けに実際の機械設計における事例を示して伝える本。機械設計上必須の信頼性対策、環境対策、コストダウン、安全性対策などを、設計検討に絡めて「新常識」として紹介している。

＜目次＞
第1章　信頼性のある機械を設計するための新常識
第2章　環境に配慮した機械を設計するための新常識
第3章　コストダウン設計するための新常識
第4章　安全な機械を設計するための新常識
第5章　設計検証・設計検討のための新常識